　　本书的工作受到河南省超声技术应用工程研究中心、平顶山学院机械制造及其自动化重点学科（平学院行〔2022〕19号）、平顶山学院高电压与绝缘技术省级重点学科、河南省科技攻关（182102311232）、河南省高等学校重点科研（20B413005）、平顶山学院高层次人才启动基金（PXY–BSQD–2017005）、平顶山学院国家级科研项目培育基金（PXY–PYJJ–2018001）等项目的资助。

基于隔行扫描成像的动态测量

曹森鹏　著

U0340544

吉林大学出版社

·长春·

图书在版编目（CIP）数据

基于隔行扫描成像的动态测量 / 曹森鹏著 . -- 长春：
吉林大学出版社， 2023.1
ISBN 978-7-5768-0117-0

Ⅰ . ①基… Ⅱ . ①曹… Ⅲ . ①图像编码－应用－动态
测量 Ⅳ . ① TN919.81 ② TB22

中国版本图书馆 CIP 数据核字 (2022) 第 255744 号

书　　名：基于隔行扫描成像的动态测量
JIYU GEHANG SAOMIAO CHENGXIANG DE DONGTAI CELIANG

作　　者：曹森鹏
策划编辑：邵宇彤
责任编辑：单海霞
责任校对：田茂生
装帧设计：优盛文化
出版发行：吉林大学出版社
社　　址：长春市人民大街 4059 号
邮政编码：130021
发行电话：0431-89580028/29/21
网　　址：http://www.jlup.com.cn
电子邮箱：jldxcbs@sina.com
印　　刷：三河市华晨印务有限公司
成品尺寸：145mm×210mm　　32 开
印　　张：6.25
字　　数：150 千字
版　　次：2023 年 1 月第 1 版
印　　次：2023 年 1 月第 1 次
书　　号：ISBN 978-7-5768-0117-0
定　　价：58.00 元

　　基于光学成像的动态测量因具有非接触性、无损性、实时性、测量精度高及易于实现自动化、智能化等优点，获得深入研究并在诸多领域被广泛应用。目前常用方法主要有单目或多目视觉、飞行时间法（TOF）、傅里叶变换轮廓术（FTP）、相位测量轮廓术（PMP）、空间相位检测（SPD）和彩色编码三维轮廓术（CCP）等。已有众多学者从算法、条纹编码、相位展开、标定、应用及仪器化等方面对这些方法进行了深入且系统的研究，但较少关注图像采集所使用的摄像机的扫描方式，通常默认的扫描方式为逐行扫描，很少采用隔行扫描。逐行扫描方式是一次扫描完成整帧图像。隔行扫描通常是先扫描一场，经过场周期时间后，再扫描另一场，然后合成一帧图像。奇偶两个单场不在同一时刻记录使隔行扫描摄像机采集动态物体的帧图像存在模糊问题，利用获取的帧图像直接进行测量误差较大，甚至会产生错误。

　　本书把隔行扫描摄像机引入动态测量，并针对基于隔行扫描成像的动态测量中存在的问题提出了一些开创性解决方法及有效解决方案，以供参考。

　　本书分析了隔行扫描成像的机理，构建了隔行扫描成像的单场图像的数学模型。针对隔行扫描成像单场图像缺少相邻行原始信息的问题，提出了傅里叶变换去隔行算法，使单场图像的隔行缺少信息获得有效恢复，恢复图像保持了单场对应的帧图像的精度；这样一帧动态场景的隔行扫描成像的图像就可获得不同时刻的两帧恢复图像，提高了时间分辨率。将其引入彩色条纹动态测量，提出了一种基于隔行扫描成像的彩色条纹动态相位测量轮廓术。理论分析该方法具备传统 CCP 的测量精度，动态测量结果证实了该方法的有效性。将其引入面内运动测量，提出了一种基于单帧图像的物体二维运动矢量测量方法，只需将运动物体的一帧图像分成两个单场，分别利用傅里叶变换去隔行算法对两个单场实施去隔行处理，获得的去隔行图像理论上与其单场对应的帧图像相同，再通过二值化、匹配点定位、标定等处理，获取在一个场周期时间内的二维位移和二维平均速度。

针对傅里叶变换轮廓术在频域中提取含有物体高度信息的截断相位方法，结合单场条纹图像的傅里叶变换频谱的特征，提出了单场条纹的傅里叶变换轮廓术，无须进行去隔行处理，直接利用单场条纹恢复三维面形信息，测量精度保持了单场对应帧条纹的精度，并且提高了时间分辨率。将其引入三维运动矢量测量，提出了一种基于单帧变形条纹的物体三维运动矢量测量方法。仅需利用隔行扫描摄像机采集运动物体的一帧变形条纹，通过一系列处理即可测量在一个场周期时间内三个维度上的位移和平均速度。

为提高隔行扫描成像的动态三维面形测量精度，分条纹栅线与摄像机扫描线垂直和平行两种情况，从等效波长、滤波窗口大小、非线性等对测量精度的影响，形成光栅设计的优化方法，为高精度隔行扫描成像的动态面形测量提供理论依据。

本书的撰写工作受到四川大学曹益平教授、张启灿教授的悉心指导，出版工作得到了平顶山学院科研处李光喜处长、电气与机械工程学院代克杰院长、杨立权博士等的大力支持，在此深表感谢。

限于作者的学识水平，书中难免有疏漏、欠妥之处，诚望读者指正。

作　者

2022 年 9 月

目录
contents

第 1 章　绪论

视觉信息是人类通过眼睛和大脑获取、处理并理解的外部信息，占人类从外部获取的信息的 80% 以上 [1]。使计算机或机器人具有视觉功能是无数科研人员孜孜以求的目标。随着光电子技术、信号处理理论、图像处理方法和计算机技术的飞速发展，利用摄像机获取视场内三维场景的二维图像，经过计算机和图像处理系统的分析及处理，实现对被测物体三维空间的结构和属性等信息（如姿态、表面面形、位置、运动状态等）的精确测量，这种类似视觉的测量被称为视觉测量 [1-6]。视觉测量以其非接触性、无损性、全场分析、精度高、速度快、易于实现自动化测量等优点受到人们的广泛关注，获得众多学者的深入研究。视觉测量在机器视觉、产品质量控制、虚拟现实、文物修复、工业自动检测、生物医学、实物仿真、服装设计、CAD/CAM、自动导航、三维动画及影视制作等诸多领域，展现出强有力的技术优势和巨大的应用开发潜力 [3,7-8]。

1.1　视觉三维面形测量

近年来，视觉信息获取与处理技术取得长足发展。根据实现条件和实现思想的不同，学者推出了诸多方法，发明了不少新技术。按照场景照明方式不同，视觉测量可分为被动视觉测量和主动视觉测量 [1,4-6]。

1.1.1　被动视觉测量

被动视觉测量指在非结构光照明下，通过一个或多个摄像系统采集的二维图像计算被测物体的距离或高度信息，或从多个视角方向观察系统采集的二维图像并利用匹配或相关运算重构物体表面三维数据[1,9-22]。常见方法有聚焦/离焦法、立体视觉法、光度立体法、纹理恢复形状法和阴影恢复形状法等。

被动三维离焦法是 Pentland 于 1987 年提出的[9]，指根据物体的两幅离焦像找出二者的相对模糊度，再与光学系统的模糊参数结合，重构物体三维结构。物体表面模糊度是根据物体表面的纹理特征计算的，对于表面过于复杂或简单的物体，很难获得正确的相对模糊度。

立体视觉法（stereo vision）是利用模拟人类视觉特性的方式重构三维场景信息的方法，从不同视觉方向采集被测物体的两幅或多幅二维图像，寻找物体表面同一点在不同视觉图像中像素匹配的对应关系，获取视差图，进而重构物体的三维形貌[10-15]，有些领域称之为摄影测量[16-19]。该方法所需设备成本低廉，对拍摄场地无限制，重建过程简便快速，可以较灵活地获取物体的三维信息，实用性较强。双目立体视觉技术已被应用于不少商业化的产品，但重建面形的精度过分依赖物体的纹理特征、结构和光照情况等。

纹理恢复形状法（shape from texture）[20]、阴影恢复形状法（shape from shading）[21]和光度立体法（photometric stereo）[22]等，都是通过获得被测物体的方位重构三维形貌，在实践中存在较多问题。

被动视觉测量计算量大，测量精度相对较低，不太适合精密计量，常用于位形分析和三维目标的识别与理解等方面，但因系统简单，数据采集方便快捷，在机器视觉领域具有广泛的应用和发展前景，尤其在无法使用结构照明时独具优势。

1.1.2 主动视觉测量

主动视觉测量 [1,4-6] 指在结构光照明下，利用被测物体表面形貌对结构光场产生的时间或空间调制，从携带物体高度信息的观测光场中，通过合适的方法解调出物体的三维数据，适于精密计量。

按照被测物体面形对结构光场调制的方式，主动视觉测量可分为时间调制法和空间调制法两大类 [4-6]。典型的时间调制法为飞行时间法，即利用光脉冲在空间的飞行时间来重构物体三维数据。空间调制法以三角测量法为基础，利用物体面形对结构光场的相位、强度、对比度等参数的调制来重构物体三维面形。

主动视觉测量系统一般由投影系统、成像系统和信息解调系统组成 [4-6]。投影系统将结构光投影到被测物体表面，使物体表面对结构光产生空间或时间调制；成像系统接收物体表面反射的光信号；信息解调系统解调接收的光信号，重构物体三维信息。该测量过程可看作物体表面信息的调制、获取与解调过程。

根据物体表面投影的光场形状，结构光照明可分为点结构照明、线结构照明和面结构照明，分别对应光点、光线（也称光刀）和光面接受被测物体的空间调制，如图 1-1 所示。点结构照明只能测量光束方向上的距离，需附加二维扫描装置才可重构完整的三维面形数据。线结构照明每次可完成被测物体上一个剖面的测量，需附加一维扫描装置才可重构三维面形数据。面结构照明采用二维空间编码，无须附加任何移动装置即可直接重构三维面形数据，方便快捷，不存在移动装置产生的误差，精度高，备受工业检测机构和研究者青睐。

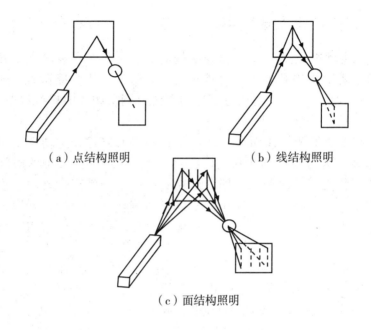

（a）点结构照明　　　　　　（b）线结构照明

（c）面结构照明

图 1-1　结构光照明方式示意图

结构光照明使用的光源常分为普通光源和激光光源。普通光源具有结构简单、价格便宜、噪声低等优点，常用于面结构照明的视觉测量系统。激光光源具有方向性好、单色性好、亮度高、易于实现强度调制等优点，所以在众多应用领域中常采用激光作为视觉测量系统的光源。

1.2　主动视觉测量方法简介

主动视觉测量具有高精度、非接触式、高灵敏度、易于自动化等优点，因此在关注被测物体三维面形的测量系统中多采用主动视觉测量方法。

下面简单介绍几种典型和较成熟的主动视觉测量方法。

1.2.1　飞行时间法

飞行时间法（time-of-flight，TOF）[23-24] 一般指直接测量激光或其他光源脉冲的飞行时间来计算物体面形，又称直接深度测量法，原理如图 1-2 所示。

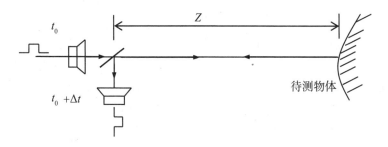

图 1-2　飞行时间法示意图

若飞行速度 v 与被测物体的飞行时间 Δt 已知，则距离 Z 可表示为

$$Z = \frac{v\Delta t}{2} \qquad (1-1)$$

获得被测物体表面的三维数据通常需利用扫描装置使光束扫描整个物体的表面。该方法不但速度快，原理简单，而且可避免遮挡和阴影等问题，所以发展前景良好。它的测量精度主要取决于定时系统的时间分辨率，所以它对信号处理系统的时间分辨率要求特别高。TOF 测量系统为提高测量精度多采用如线性调频、相位检测等调制技术，称为间接深度测量法。

近年来已出现了基于 TOF 的直接和间接深度摄像机 [25-28]，如 2004 年出现的基于 TOF 的三维电视摄像机就是一种间接深度摄像机 [25]：红外 LED 光源发出三角光波，照射被测物体，摄像机将物体对光波反射的时间调制信息转化为强度变化信息，由强度变化计算物体表面各点的距离。当前 TOF 摄像机的距离分辨率和图像分辨率都不高，但测量范围较大，适合于大纵深物体的测量。TOF 已应用于人机交互、人脸识别和三维场景重建等领域。

1.2.2　激光三角法

激 光 三 角 法（laser triangulation）利 用 三 角 测 量 原理 [29-30]，激光束沿投影光轴投射到被测物体表面，成像器件从另一方向接收物面光场，通过已知系统光路参数计算出物体的高度分布。其典型原理结构如图 1-3 所示。

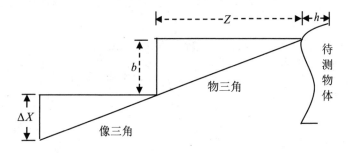

图 1-3　三角测量法原理结构

三角测量法光路结构如图 1-4 所示。

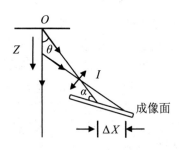

图 1-4　三角测量法光路结构

α 为传感器基线与成像光轴的夹角，θ 为确保测量精度，需满足 Scheimpflug 条件：

$$\tan \theta = K \tan \alpha \qquad (1-2)$$

即投影光轴与传感器间成物像共轭关系。式中，K 为成像系统的放大倍率。设成像系统的焦距为 f_1，成像系统中心到 O 点的距离为 OI 测量距离 Z 和可测变量 ΔX 间的关系为

$$Z = \frac{(OI - f_1)\Delta X \sin \alpha}{f_1 \sin \theta + \Delta X \sin \alpha} \qquad (1-3)$$

实际上，多数三维面形测量方法都派生于三角测量原理，如莫尔轮廓术、相位测量轮廓术、傅里叶变换轮廓术等也属于三角测量法，只是测量方法不同，从观察光场中提取三角计算所需的几何参数时采用的方式不同。

1.2.3　莫尔轮廓术

莫尔轮廓术（Moiré profilometry）是出现最早的光栅投影测量方法 [31-32]，其原理如下：一个基准光栅与投影到被测三维物体表面且受物体表面高度调制的变形光栅叠加产生莫尔条纹，莫尔条纹描绘物体的等高线，分析莫尔条纹可获得物体表面的高度信息。莫尔轮廓术常可分为阴影莫尔和投影莫尔 [39]。

1.2.4　相位测量轮廓术

相位测量轮廓术（phase measuring profilometry，PMP）是由 Srinivasan 等在 20 世纪 80 年代将相移干涉术引入物体三维面形测量中产生的 [33-34]。PMP 采用正弦光栅投影与相移技术，具有并行处理能力，利用具有一定相移的 3 帧或 3

帧以上条纹图来计算相位分布，再利用相位－高度映射重构物体三维面形。

在传统 PMP 中，相移是利用电动位移器带动光栅移动来实现的。受机械加工精度和电动位移器的失步等影响，相移误差通常是无法避免的，因此增加了测量误差。随着 LCD 或 DLP 等数字投影技术逐渐被引入 PMP[35-36]，利用计算机设计不同形状、频率的光栅条纹，可以实现准确的相移，从而消除相移误差；然而数字投影仪的 Gamma 非线性会引入新的误差[37]，减小或消除 Gamma 效应引起的非线性误差的方法主要包括离焦[38]、相位补偿[39-40]、条纹校正[41-43]等。

相位是利用反三角函数计算的，被截断在反三角函数不连续的主值区间内。为从相位分布中重构被测物体的高度信息，必须进行相位展开：将截断的相位分布转化成连续的相位分布[44]。目前已有多种相位展开方法，如可靠度导向[45-48]、时间相位展开[49-51]、最小二乘法[52]、洪水算法[53]、细胞自动机算法[54]等。

从展开的相位到物体高度方向上的三维面形，需要建立相位－高度映射关系，常常采用李万松等人提出的四步相移法[55]。

PMP 可实现点对点的相位计算，不但可避免物体表面不均匀的反射率对相位计算的影响，还可有效抑制测量系统的随机噪声，测量精度可达到一个等效波长的几十分之一到几百分之一[33]。

利用彩色摄像机红（R）、绿（G）、蓝（B）三个彩色通道实现三步相移[56]，可以实现一帧变形条纹重构一个时刻的动态物体三维面形，更易实现自动化处理，测量精度高。

1.2.5 傅里叶变换轮廓术

Takeda 等于 1983 年在三维面形测量中引入傅里叶分析法，提出了傅里叶变换轮廓术（Fourier transform profilometry，FTP）[57]，其测量系统的光路如图 1-5 所示。成像系统的光轴 I_1I_2 与投影系统的光轴 P_1P_2 相交于参考平面上的 O 点。该方法将正弦或龙基等光栅投影到待测物体表面，摄像机记录受物体面形调制的变形条纹，利用计算机对变形条纹图进行傅里叶变换、频域滤波、逆傅里叶变换、相位计算、相位展开、相位－高度映射等处理，获得物体的三维面形信息。

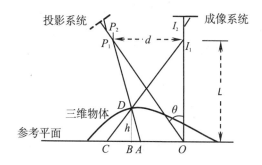

图 1-5 FTP 测量系统光路

FTP 因其单帧获取、全场分析、易于实现实时和动态处理等特点，具有广泛的应用前景，众多学者对其进行了深入研究 [58-73]。但 FTP 涉及频谱滤波处理，需保证各级频谱间不混叠，通常其测量精度比 PMP 低。

1.2.6 空间相位检测

空间相位检测（spatial phase detection，SPD）[74] 将成

像系统采集到的受被测物体面形调制的变形条纹当作恒定空间频率的条纹，收到一个相位调制的结果。该方法把一个条纹周期 [$-\pi$，$+\pi$] 内的相位调制分布看作线性分布，采用相位检测的积分算法，通过正弦拟合以一帧变形条纹计算相位信息。

SPD 与 FTP 的不同之处在于它从不同域中解调出物体面形信息。SPD 是在空域中先通过相干解调去载频，再采用卷积滤出基频信息；而 FTP 是在频域中先通过带通滤波器滤出基频信息，再通过变形条纹与参考条纹共轭乘积的对数去载频。SPD 相位提取快，且受条纹的非正弦性影响较小，无须人工参与，尤其适合于硬件加速、易于自动化的实时处理；但对相位计算的精度比 PMP 低。为提高 SPD 的测量精度，Adundi 等人将 TDI（time delay and integration，时间延迟积分）技术引入 SPD[75]。

1.2.7　调制度测量轮廓术

调制度测量轮廓术（modulation measurement profilometry，MMP）[76-79] 是苏显渝等提出的通过投影到待测物体表面上正弦条纹的调制度分布来重构物体表面高度分布的方法。在其测量系统中，成像与投影方向相同，可实现对物体的垂直测量，因此可对空间不连续分布、高度剧烈变化及有深孔物体的三维面形进行测量。计算过程中无须求解相位和相位展开，对遮挡、阴影、相位截断没有限制，测量速度快，容易实现，但测量精度不太高。

1.2.8　彩色编码轮廓术

彩色编码轮廓术（color-coded profilometry，CCP）[80-86] 以彩色编码条纹作为物体三维面形信息的载体和传递工具，以彩色摄像机作为图像记录单元，通过计算机处理对颜色信息进行解码，重构出物体表面三维数据。该方法记录图像和后期处理速度快，适于动态实时测量[81-86]。但其测量精度易受物体表面颜色影响，其关键步骤是对失真图像的分色处理[56]。

1.3 动态物体面形测量方法简介

这里所说的"动态物体"，不但指被测物体的面形随时间变化，如物体形变、陡变等，而且指物体的运动，其运动状态随时间变化或不变，如物体振动、转动、摆动、平动等。

对于动态面形测量，最有效和快捷的途径是：一次曝光（one/single shot 或 snapshot）就可通过获得的图像重构对应一个时刻的三维面形。双目或多目视觉测量、TOF、PMP、FTP、SPD、CCP 等都可实现动态面形的测量[15-19,25-28,56,64-75,80-86]。

结构光投影的动态三维测量（FTP、SPD、PMP、CCP 等）的优势明显，在参考平面光场分布已知时，采集的每一帧变形条纹都可重构一个状态的物体表面三维数据，可实现实时测量。动态三维面形测量有助于在动态场景中分析和描绘被测物体表面形态的变化，获取物体的形变、结构、应力等相关物理参数，在高速旋转、爆轰过程、流体力学、生物医学、机器视觉、材料变形等领域具有很高的科研价值和广阔的应用前景。

1.4 运动矢量检测的光学方法简介

物体运动矢量的检测是研究和分析物体运动情况的重点

之一。光学测量以其非接触、高精度、全场性和易于通过计算机实现自动化控制等优点成为精密测量领域的发展趋势，被广泛应用到自动化加工和工业检测等诸多领域，越来越受到重视。主要测量方法如下。

1.4.1　结构光视觉测量法

凡是通过一帧变形条纹实现测量物体一个运动状态的三维面形的方法，如 SPD、FTP、PMP、CCP 等，均可通过两帧变形条纹完成一个空间三维位移的测量，记录拍摄这幅变形条纹的时间间隔，就可计算三个维度上的速度和加速度等运动矢量 [56,64-75,80-86]。

1.4.2　近景摄影测量法

近景摄影测量（close-range Photogrammetry）一般指被测物体的距离小于 100 m 的摄影测量，是利用传感器采集被测物体的图像，经过处理获取被测物体的形状、大小、位置、姿态、面形信息等特性及其相互关系的技术。其在测绘和视觉测量中应用广泛。采用两个或两个以上摄像机，同时拍摄同一运动物体两幅或两幅以上的不同角度的图像，可以重构物体的一个时刻的三维数据 [15-19]；利用记录不同时刻的图像来实现对物体三维运动矢量的测量。采用一个摄像机对被测运动物体拍摄一组序列图像，利用数字相关等方法，实现对物体面内位移和速度的测量 [87-91]。已形成多种测量系统：如美国 GSI 公司生产的 V-STARS，测量精度可达 $0.1 \sim 0.3$ mm；德国蔡司的近景摄影测量仪器为提高测量精度而采用高分辨率的数码相机。

1.4.3 激光多普勒测速

激光多普勒测速（laser Doppler velocimetry，LDV）是随着激光器的出现而产生的测速技术，Yeh 等在 1964 年通过测量激光多普勒频移量计算出流体速度 [92]。利用激光多普勒效应对流体或固体的速度进行测量，具有空间分辨率高、精度高、范围广、可远距离测量等优点，广泛应用于航空航天、计量、机械、钢铁、医学、环保等领域 [93-95]。已发展了多种单频和双频激光多普勒测速仪，正在向测速范围更大、测速精度更高、抗干扰能力更强的方向发展。

1.4.4 粒子成像法

粒子成像法主要用来测量流场的速度 [96-100]。粒子成像测速（particle image velocimetry，PIV），是激光片光源照射在被测流场中散布的示踪粒子，成像器件采集该流场连续时间的一系列图像，通过图像处理算法计算示踪粒子的位移。通过曝光间隔时间获得粒子在图像上的平均速度，若认为曝光间隔时间很小，则把该速度近似看作粒子在某一时刻所在位置流场的瞬时速度。目前，随着二维 PIV 的日益完善，三维 PIV 的研究进展迅速，已出现的三维 PIV 主要有 PIV、PTV（粒子跟踪测速）[99] 和 HPIV（全息粒子图像测速）[100] 等。

1.4.5 其他

检测物体运动矢量的方法还有散斑法、全息法、光衍射法、光扫描法及实时干涉法等 [101]。其中，散斑法、全息法和实时干涉法一般适合小视场的微小位移测量。

1.5 图像传感器

在光学测量中，利用图像传感器采集被测三维场景的二维数字图像。下面简单分析传感器类型、分辨率和扫描方式等。

1.5.1 传感器类型

电荷耦合器件（charge coupled device，CCD）与互补金属氧化物半导体（complementary metal oxide semiconductor，CMOS）是目前最常用的主流图像传感器[102-105]。CCD 和 CMOS 分别集成在半导体单晶和金属氧化物的半导体材料上。CMOS 和 CCD 的光电转换都是基于 MOS 结构的光电转换效应进行的，但二者对光电转换后的电荷处理方式不同，最大的差异是 ADC（数模转换器）的数量和位置。CCD 传载电荷需通过垂直和水平的转移单元进行，在负载上统一输出电压信号；而 CMOS 直接通过行列解码器输出电压信号。CCD 的特殊工艺能确保数据传送时不失真，而 CMOS 的数据在较长距离传送时会产生噪声。CCD 与 CMOS 的差异如下[103-105]。

（1）在图像采集和处理速度上，CCD 采集和处理图像速度较慢，而 CMOS 采集光信号的同时就可取出电信号，可靠性高，速度快。

（2）在集成度上，CCD 技术很难在单片上集成所有处理电路；而 CMOS 技术可在单一芯片上集成各处理单元，还能对局部像素图像的编程进行随机访问。

（3）在功耗和价格上，CCD 比 CMOS 功耗大，CCD 传感器的功耗约为 300 mW，而 CMOS 传感器的功耗约为 50 mW。通常，性能相当的 CCD 传感器比 CMOS 传感器价格高一点。

（4）在噪点方面，由于 CMOS 的 ADC 放大器很难做到同步放大，CMOS 比 CCD 的噪点多。

（5）在成像质量上，CCD 采用隔离层隔离噪声，成像质量比 CMOS 高。

CMOS 与 CCD 的研发几乎同时起步，但受当时制造工艺水平的限制，CMOS 的发展严重滞后于 CCD 的发展，CCD 主导传感器市场 20 多年。近年来，随着制造工艺和集成电路设计水平的不断提升，CMOS 已基本克服了过去的缺点，而 CMOS 固有的独特优点，如随机读取、像素内放大、列并行结构等却是 CCD 无法比拟的。CMOS 已发生了质的飞跃，广泛应用到各级图像质量的需求中。

在实际测量中，为获得较高质量的图像，在中低速动态测量中，选用 CCD 传感器；在高速动态测量中可选用高性能的 CMOS 传感器。

1.5.2 分辨率

在数字图像处理领域，分辨率是指数字传感器所能分辨和度量的最小变化，分辨率决定了图像细节的丰富和精细程度[106-107]。一般来说，光学图像分辨率分为以下 3 类。

1. 时间分辨率

时间分辨率（temporal resolution）表示图像传感器每秒采集的图像帧数或帧率（帧 / 秒，frame per second，f/s）。时间分辨率越高，视频采集过程中记录相邻两帧图像的时间间隔（帧时间）就越短。

2. 亮度分辨率

亮度分辨率（brightness resolution）也称为辐射分辨率，一般指成像系统区分或表示光强的能力，常用一个像素的亮度级数（对灰度图像来说就是灰度级数）或存储位数比特（bit）

数来表示，也称为像素深度。目前，灰度（或单色）图像通常采用 8 bit 灰度级，较高的有 10 bit、12 bit、14 bit 和 16 bit。亮度分辨率越高，可分辨光强的细微差异就越明显，但亮度分辨率在实际中常受到噪声干扰。

3. 空间分辨率

空间分辨率（spatial resolution）是指图像所代表的像素间的最小距离，也指图像所能分辨的最小目标的大小，代表被拍摄物体信息的详细程度，是通常意义上所说的默认的分辨率。空间分辨率越高，图像的边缘细节信息就越清晰，可从图像中提取的有效信息就越多。

图像传感器一般给出相关的三个参数：感光元件尺寸（传感器的格式）、幅面像素分辨率和像素尺寸（像元）。常用的感光元件尺寸有 1/4″、1/3″、2/3″、1″ 和 4/3″ 等（这里″代表英寸）；幅面像素分辨率指感光元件上列 × 行的像素数；数字图像的最小单位为像素（pixel）；像素尺寸是感光元件上一个像素所占的物理尺寸。某个方向上的空间分辨率实际上是感光元件在这一方向上的有效尺寸与该方向上的像素数的比值，一般比像素尺寸稍大。

在基于光学成像的测量中，有效视场一定时，为提高测量的空间分辨率，尽量采用像素分辨率高的传感器。

亮度分辨率、空间分辨率与时间分辨率之间存在一定的关系，在同一系统中，三者不可同时为最好。

1.5.3　扫描方式

在电视技术、摄像机视频采集与显示系统中，视频扫描方式通常分为逐行扫描（progressive scanning）和隔行扫描（interlaced scanning）[107-108]。

逐行扫描方式是一次扫描完成整个帧图像。逐行扫描实现了精确的运动检测和运动补偿，克服了隔行扫描中行蠕动、并行、行间闪烁和锯齿化等缺陷，画面清晰无闪烁，动态失真较小。它多用在计算机显示器和数字电视机上。

隔行扫描通常是先扫描一场，经过场周期时间后，再扫描另一场，然后合成一帧图像。隔行扫描源于早期的电视技术，其数据传输的带宽只相当于逐行扫描的一半。主要用于标准视频设备，如摄像机、电视机等。它降低了图像处理所需速度，可获得高刷新速率。

摄像机拍摄视频的制式主要是根据电影和电视制式设计的。彩色电视根据色度编码对副载波的调制方法不同，分为 NTSC（正交平衡调幅）、SECAM（行轮换调频）和 PAL（逐行倒相正交平衡调幅）三种制式。NTSC 制式的帧速率为 29.97 f/s，SECAM 和 PAL 的帧速率都为 25 f/s。

摄像机在模拟信号时代都采用隔行扫描方式。摄像机在数字时代存在标清格式（SD，其画幅宽高比为 4 : 3），NTSC 制式的图像分辨率为 720 × 480 pixels，SECAM 和 PAL 制式的图像分辨率都为 720 × 576 pixels；扫描方式兼有隔行扫描和逐行扫描，如 480i（720 × 480 pixels），576p（720 × 576 pixels），i 代表隔行扫描，p 代表逐行扫描。摄像机正迈向高清模式（HD，其画幅宽高比为 16 : 9），如 720p（1280 × 720 pixels）、1080i（1280 × 720 pixels）、1080p（1920 × 1080 pixels）、4k（3840 × 2160 pixels）和 8k（7680 × 4320 pixels）等，帧速有 25 f/s、29.97 f/s、50 f/s、60 f/s、120 f/s 等。

从技术层面讲，逐行扫描摄像机的成像质量确实是好一些，随着成像技术和显示技术的飞速发展，逐行扫描方式将会逐渐取代隔行扫描方式。但据日本相关资料分析 [109]，由于相同尺寸的感光面上像素数不断增加，传感器中传送信号的通路无法适应逐行扫描一次性获取的大量数据，造成图像处理速度的下降。如果放慢数据采集速度，采用逐行扫描方式记录动态的物体图像也会出现扭曲变形、模糊或拖影等问题，故一次性快速大量数据的处理仍是其制约条件。所以隔行扫描传感器在高速图像采集方面具备一定优势。

1.6　课题研究的背景及意义

1.6.1　课题研究的背景

在动态测量中，很多学者从相位展开[44-54]、条纹编码[110-112]、标定[113-116]、实际应用[25-28,64-75]及仪器化[106-107]等方面进行了系统深入的研究，传感器默认的扫描方式是逐行扫描方式，但很少有学者采用隔行扫描方式。其原因是，使用隔行扫描传感器采集动态物体的帧图像，由于两场不在同一时刻记录，存在模糊问题，直接用帧图像进行测量误差较大，甚至得到错误的消息。

1.6.2　课题研究的意义

尽管隔行扫描的传感器在动态物体的图像采集方面存在一定的问题，但与逐行扫描方式相比，其数据传输为其一半。尽管目前数据采集、传输、处理和显示的技术水平获得了质的飞跃，但在高速、高空间分辨率、高质量的超大数据的采集、传输、处理和显示中，降低了数据传输信道带宽的隔行扫描方式仍有一定的优势。

为了提高图像采集速度，采用隔行扫描 CCD 相机获取变形条纹图像，对隔行扫描 CCD 获取的动态满帧条纹，一般分成两个单场（奇场和偶场）图像进行去隔行处理，目的是把隔行单场图像插值转换成逐行满帧图像。隔行扫描 CCD 获取的动态不完善的帧条纹，存在严重的缺陷，一般无法直接用于重建三维面形。

隔行扫描摄像机获取动态物体的视频，解帧成序列图像，每一帧图像都分成单场图像，通过构建单场数学模型，建立与逐行扫描摄像机采集动态物体图像所完成的动态测量方法的对比和分析，发现隔行扫描摄像机可以有效开展动态三维面形测量。在视频采集的常规帧速（25 f/s 和 30 f/s）下，通过相关处理，可以获得被测物体 2 倍于常规帧速的信息量，而且恢复了单场对应的帧图像完成动态测量所获得的空间分辨率；相当于常规视频帧速下完成帧速为 50 f/s 或 60 f/s 的逐行扫描摄像机对动态物体面形分析的效果。在不增加设备成本的条件下，利用隔行扫描摄像机进行动态测量，不但提高了时间分辨率，而且空间分辨率没有降低，保持了传统方法的测量精度。

1.7　主要研究内容

基于对隔行扫描摄像机在动态检测中的认识和理解，本书把隔行扫描摄像机引入动态测量，针对目前基于隔行扫描成像的动态测量中存在的问题，提出了一些开创性解决方法和解决方案，主要致力于动态面形和运动矢量的测量等相关方法和关键技术的研究，以改进隔行扫描摄像机在动态场景测量中的应用。主要内容包括傅里叶变换去隔行算法、单场条纹的傅里叶变换轮廓术方法、条纹方向选择对动态面形测量精度的影响、基于隔行扫描成像的彩色条纹动态相位测量轮廓术、基于单帧变形条纹的物体三维运动矢量测量和基于物体单帧图像的二维运动矢量测量等。

本书的结构组织如下。

第1章：简单介绍了视觉测量、动态三维面形和运动矢量测量方法、传感器等，对隔行扫描传感器在动态测量中的研究现状、存在的不足和研究意义进行了简述；提出本书研究的主要内容：基于隔行扫描成像的动态测量方法及关键技术研究。

第2章：根据视频中去隔行的思路，构建单场条纹的数学模型，提出基于傅里叶变换去隔行算法的条纹恢复方法，包括隔行扫描的由来、常用去隔行方法、动态面形测量系统、单场条纹的数学模型、傅里叶变换去隔行算法、流程及其在动态三维面形测量中的潜在应用等。

第3章：详细分析了傅里叶变换轮廓术动态测量的特点，提出了单场条纹傅里叶变换轮廓术方法，分析了其测量原理、频谱不混叠的条件，并通过仿真和实验验证该方法的可行性和有效性等。

第4章：在隔行扫描摄像机记录动态物体变形条纹图像实现动态三维面形的测量中，分析了动态测量中成像清晰的条件，简述了面结构光设计方法。分析了条纹方向选择对动态面形测量精度的影响，得出了一些结论，为测量系统的正弦光栅的设计提供依据，形成了优化设计的原则，并根据该原则利用单场条纹的FTP进行了实物实验验证。

第5章：为提高动态面形测量的精度，提出了基于隔行扫描成像的彩色条纹动态相位测量轮廓术，包括三步相移彩色PMP方法简介、颜色校正、基于隔行扫描成像的彩色条纹动态PMP原理，计算机模拟和实际实验与分析，验证了该方法的可行性和有效性。

第6章：为实现一帧变形条纹检测运动物体两个运动状态的目的，提出了一种基于单帧变形条纹的物体三维运动矢量测量方法。对其原理、计算机模拟和实际实验进行分析，并对测量系统的测量精度进行了评估。该方法仅需一帧变形条纹就可测量一个三维位移和平均速度，利用亚像素定位提高了测量精度。

第 7 章：提出了一种基于单帧图像的物体二维运动矢量测量方法。隔行扫描摄像机采集运动物体单帧图像测量二维运动矢量方法，仅需隔行扫描摄像机采集运动物体的一帧图像，就可完成在一个场周期内的面内二维位移和平均速度的测量。为此进行了理论分析和实验验证。该方法不仅提高了测量的时间分辨率，还保持了传统单目摄影测量方法的精度。

第 8 章：对本书工作进行全面总结，并对隔行扫描摄像机在动态场景测量领域中今后可能的应用和研究工作进行了展望。

第 2 章　基于傅里叶变换去隔行算法的条纹恢复方法

在对动态过程尤其高速和瞬态过程的成像数据采集中，通常存在需传输的大量数据；如果数据采集速度过慢，信号传送的通路无法满足逐行扫描一次性获取的大量数据需要，会使得图像处理速度下降，出现图像扭曲、模糊或拖影等问题[109]。为提高数据采集速度，可考虑选择隔行扫描方式记录动态物体的变形条纹图像，但隔行扫描摄像机不在同一时刻采集图像，而是先后在不同时刻采集奇偶两场图像再合成一帧图像，对于动态目标，两场图像记录物体的信息有较大变化[117-119]，使合成帧图像产生错位、模糊、垂直边缘锯齿化等问题。直接使用错位模糊的帧条纹重构物体三维面形会导致误差很大，甚至出现错误。视频图像的通常做法是进行去隔行处理：把合成帧图像分成奇场和偶场，对单场图像进行去隔行处理，把隔行的场条纹插值转换成逐行的帧条纹。根据面结构光照明的变形条纹图像单一方向调制的特点，结合视频去隔行思想，从恢复单场对应的帧条纹的角度提出了傅里叶变换去隔行算法。

2.1　隔行扫描方式的由来

隔行扫描源于早期电视技术，电视动态画面的帧速度是根据人眼视觉暂留的时间特性设计的。视觉暂留现象是人眼视网膜所形成的视觉在光对人眼作用消失后，主观感觉的亮度仍保留一段时间的现象，是由视神经的反应速度导致的。通常，普通人视觉暂留时间为 0.05 ～ 0.1 s。电影或电视的图形或图像的画面刷新频率为每秒 24 帧或 24 帧以上时，则前后两幅画面之间在视觉亮度上存在重叠时间，也就是说前一幅画面还没有完全消失，后一幅画面就已经出现了，这使得本来在时间和空间上都不连续的画面给人以连续的感觉。所以电影的帧速设计为 24 f/s，标清电视的帧速设计为 25 f/s 或约为 30 f/s。早期电视使用阴极摄像管作为显示器件，以电子束击打荧光粉立刻就可发光，反应时间仅为 1 ~ 3 ms，而辉光残留时间极短，导致两帧图像出现的时间间隔内出现黑屏现象；另外，由于当时技术条件的限制，数据传输速度不高，于是就产生了隔行扫描方式。其主要应用在摄像机、电视机、电影等成像和显示设备上。

在图像采集时，先采集图像的一场，经过一个场周期时间后，再采集另外一场图像。通过牺牲空间分辨率来提高时间分辨率，这样在电视屏上实际显示 2 倍于原帧频的场图像，只是相邻的两场图像中，一场为奇场（只有奇数行有正常采集的数据），另一场为偶场（只有偶数行有正常采集的数据），空间分辨率下降了，但所占的空间大小没有改变；两场的时间间隔相同，为一个场周期；由于两场相隔时间更短，依赖人眼的视觉暂留特性使两场图像之间变得模糊，形成人眼感知到的一幅图像。

对于静态物体或者运动速度缓慢的物体，隔行扫描摄像机获得的视频画面效果较好；但对于快速运动的物体的画面，隔行扫描摄像机获得的视频画面出现行蠕动、并行、行间闪烁和锯齿化等缺陷。所以在视频技术领域，有不少学者开展了针对隔行扫描摄像机获得的单场图像进行去隔行算法的研究。

2.2　视频常用去隔行方法

隔行扫描的帧图像都是由相隔一个场周期时间的奇场与偶场合成的，拍摄静止物体时（图 2-1），看不出拼接痕迹。所以，对于拍摄静态物体，在不考虑环境光的变化时，隔行扫描获取的图像与逐行扫描获取的图像基本上是相同的。拍摄快速运动物体时，帧图像可能如图 2-2 所示，可以明显看出错位现象。故利用隔行扫描摄像机获取动态物体的帧图像，要想较完善地恢复帧图像，通常是取出一场信号进行去隔行处理。

图 2-1　静止时的图像　　　　图 2-2　运动时的图像

在数字视频处理和电视扫描方式转换中，去隔行处理是一项关键性技术。在隔行扫描形成的图像中，常把隔行信息缺失的单场图像转换为每行都有物体信息的帧逐行图像，通过插值算法获取各场丢失的行及像素点的物体信息，消除隔行扫描图像中的行蠕动、并行、行间闪烁和锯齿化等缺陷。20 世纪 70 年代以来，国内外学者研究去隔行算法。据所选用滤波器的种类不同，去隔行算法一般可分为线性算法、非线性算法、运动自适应算法和运动补偿算法四类 [120]。

线性算法 [121] 是通过相邻场已有特征信息进行场间插值或通过同场已有特征信息进行场内插值。其主要包括场复制、场平均、行复制、行平均等。该类算法结构简单，场间算法可以保留空间细节，较适合静止区域。但场内滤波使图像的垂直清晰度降低，场间滤波使图像产生运动锯齿和运动模糊等问题。

非线性算法 [122] 主要包括中值滤波法、边沿保护插值法等。该类算法简单且容易实现，但图像垂直清晰度会降低，造成图像模糊，由于没有进行运动判断，其效果有待进一步改善。

运动自适应算法 [123] 是按照运动信息将视频图像区分为静止或运动区域，在静止区域采用线性滤波，在运动区域采用同场内的非线性滤波分别进行插值运算。该类算法可以增加静止区域图像的垂直分辨率，消除运动区域的羽化问题；但是无法提升运动区域的图像垂直分辨率，而且运动估计的失误导致插值错误等问题，需要逐点运动检测，去隔行效果受噪声影响较大。

运动补偿算法 [124-125] 是采用运动估计找到相邻场的匹配块，准确计算出邻场间的运动矢量，在运动轨迹上插值。该类算法有效利用了视频图像在时空间的信息相关性，使获取的运动矢量尽可能真实，克服了前几类算法带来的运动停滞及抖动现象，可有效地改善视觉虚像。该算法在四类算法中性能最好，获得的去隔行图像可以很好地恢复原有图像的垂直清晰度。但要求估算运动矢量准确可靠，硬件资源消耗较大，实现的复杂程度高。

动态物体在线检测期望可以实时获取动态物体的三维信息，故要求采用简便快速有效的去隔行算法，曹森鹏等人提出的傅里叶变换去隔行算法正好满足这一需求 [118-119]。

2.3 动态面形测量系统

面结构光投影的动态面形测量系统与静态面形测量系统类似，通常根据照明方式分为远心照明测量系统和发散照明测量系统 [4-6]，具体如下。

2.3.1 远心照明测量系统

采用远心照明的测量系统如图 2-3 所示，投影系统是白光光源将物理光栅（如正弦光栅、三角光栅、龙基光栅等）的像以平行光的方式投影到参考平面上，I_1、I_2 分别为成像系统的入瞳中心、出瞳中心，对光栅栅线垂直摄像机扫描线时的情况进行分析。

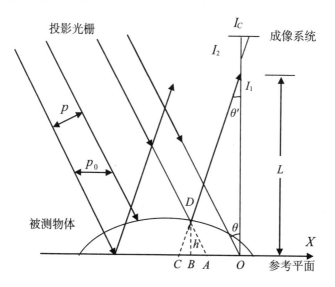

图 2-3 远心照明测量系统

参考平面上获得等周期分布的光栅像，设 p_0 为其周期，参考平面上连续的相位分布是关于空间坐标 X 的线性函数，记为

$$\phi(X) = KX = \frac{2\pi}{p_0} X \qquad (2\text{-}1)$$

以 O 点为坐标原点，参考平面 C 点与摄像机成像平面 I_C 点对应，此时 I_C 点获得的相位为

$$\phi_C = \frac{2\pi}{p_0} \overrightarrow{OC} \qquad (2\text{-}2)$$

当测量动态物体时，被测物体表面 D 点与成像平面 I_C 点对应，此时 I_C 点测得相位与参考平面上 A 点的相位相同：

$$\phi_D = \phi_A = \frac{2\pi}{p_0} \overrightarrow{OA} \qquad (2\text{-}3)$$

所以存在

$$\overrightarrow{AC} = \frac{p_0 \phi_{CD}}{2\pi} \qquad (2\text{-}4)$$

D 点处物体高度记为 $DB{=}h$，则

$$h = \frac{\overrightarrow{AC}}{\tan\theta + \tan\theta'} \qquad (2\text{-}5)$$

式中，θ 和 θ' 分别为投影和探测方向。当被测物高度比入瞳中心 I_1 到参考平面间距 L 小得多时，θ' 可视为 0，则式（2-5）可简化为

$$h = \frac{\overrightarrow{AC}}{\tan\theta} = \left(\frac{p_0}{\tan\theta}\right)\left(\frac{\phi_{CD}}{2\pi}\right) \qquad (2\text{-}6)$$

定义等效波长 λ_{eff}:

$$\lambda_{\text{eff}} = \frac{p_0}{\tan\theta} \qquad (2\text{-}7)$$

从式（2-7）可看出，一个 λ_{eff} 等于引起 2π 相位变化的物体高度 [4-6, 33]。若把物体面形看作物波波面，把照明方向看作参考波面，获取的结构光投影型变形条纹实际上可等效为这两个波面相互作用所产生的干涉条纹。它与真实的光波干涉的主要区别是波长尺度不同。等效波长是 PMP、FTP、SPD 等结构光投影方法中的重要参数，代表了测量系统的精度。

远心照明测量系统一般适用于小物体的动态面形测量。

2.3.2　发散照明测量系统

当被测动态物体尺寸较大时常采用发散照明测量系统，如图 2-4 所示。投影系统利用经计算机程序设计的数字虚拟光栅和数字投影仪将被测动态物体投影到参考面上。P_1、P_2 分别为投影系统的入瞳中心、出瞳中心，I_1、I_2 分别为成像系统的入瞳中心、出瞳中心，d 是点 P_2 与 I_1 间的距离，L 是点 I_1 与参考面间的距离，成像系统的光轴与投影系统的光轴交于参考面上的 O 点，成像系统的光轴垂直于参考面。

由于投影系统的投影光线是发散的，参考面获得光栅像的连续相位分布不再是坐标 X 的线性函数，但是参考面上任一点相对于 O 点的相位值唯一确定并单调变化。所以，可以根据测量系统的结构参数建立相位与空间坐标间的映射关系，并将其按查找表的形式储存在计算机中。

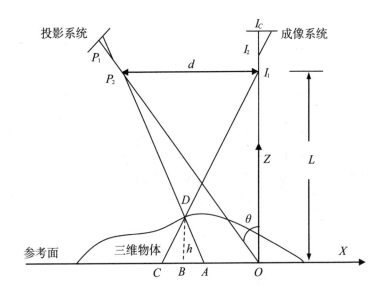

图 2-4　发散照明测量系统

摄像机上点 I_C 测得物体表面点 D 的相位为 φ_D，φ_D 与参考面上 A 点的相位 φ_A 相对应，通过线性插值方式在查找表中找到 φ_A 所对应的距离 $\overrightarrow{OA}$。同时，点 I_C 测得参考平面上点 C 的相位 φ_C，从查找表中可得距离 $\overrightarrow{OC}$。计算 $\overrightarrow{AC} = \overrightarrow{OC} - \overrightarrow{OA}$，再通过三角形 $\triangle P_2 D I_1$ 与 $\triangle ADC$ 相似，计算出点 D 物高 h：

$$h = \frac{\overrightarrow{AC}(L/d)}{1 + (\overrightarrow{AC}/d)} \tag{2-8}$$

多数情况下，$\overrightarrow{AC} \ll d$，式（2-8）可简化为

$$h = \overrightarrow{AC}\frac{L}{d} = \frac{\overrightarrow{AC}}{\tan\theta} \tag{2-9}$$

2.4　单场条纹的数学模型

当计算机设计的正弦光栅图像投影到动态物体时，隔行扫描摄像机采集物体变形条纹图像的一段视频，其中的每一帧变形条纹 $g(x, y)$ 都是由相隔一个场周期时间采集的奇场条纹 $g_o(x, y)$ 和偶场条纹 $g_e(x, y)$ 组成[117-119] 的。当两个单场条纹都映射到原有帧幅面大小时，$g(x, y)$ 可用奇场条纹和偶场条纹之和的形式表示：

$$g(x, y) = g_o(x, y) + g_e(x, y) \qquad (2\text{-}10)$$

下标 o 和 e 分别代表奇场条纹和偶场条纹（下同），x、y 为图像坐标系的像素坐标。单场条纹的隔行信息缺失，即在平行于摄像机扫描线方向上的相邻两行中，其中一行含有物体的面形调制信息，是摄像机正常采集的有效数据；另一行不含物体信息，光强值全部为 0。针对单场条纹这一独特的分布情况，在采用正弦光投影实现动态三维面形的测量中，单场条纹（大小为 $M \times N$ pixel）的强度分布可以看作该摄像机传统上正常采集的一个帧变形条纹被一个周期为 2 pixel 的梳状调制信号空间抽样的结果。实际上，该摄像机传统上正常采集的一个帧变形条纹相当于其在逐行扫描方式下正常记录的图像。假设摄像机在隔行扫描方式下是奇场优先（奇场先被采集），t_1 和 t_2 分别是采集奇场条纹和偶场条纹的时刻，T 为一种视频制式下隔行扫描成像的一个场周期时间。显然，$T = t_2 - t_1$。奇场条纹和偶场条纹分别表示为

$$g_o(x, y) = g_{t_1}(x, y) \cdot u_o(x, y) \qquad (2\text{-}11)$$

$$g_e(x, y) = g_{t_2}(x, y) \cdot u_e(x, y) \qquad (2\text{-}12)$$

$u_o(x, y)$ 和 $u_e(x, y)$ 分别表示奇场条纹和偶场条纹对应的梳状函数：

$$u_o(y) = \frac{1}{2}\mathrm{comb}(f_2 y) \qquad (2-13)$$

$$u_e(y) = \frac{1}{2}\mathrm{comb}(f_2(y-1)) \qquad (2-14)$$

f_2 为梳状函数的空间基频，$f_2 = 1/(2\ \mathrm{pixel})$，梳状函数的周期 $p_2 = 1/f_2$，式（2-13）和式（2-14）相比，只是 y 方向坐标移动一个像素。

2.5　傅里叶变换去隔行算法及其在动态三维面形测量中的潜在应用

2.5.1　光栅栅线垂直于摄像机扫描线时情况分析

$g_{t_1}(x, y)$ 和 $g_{t_2}(x, y)$ 分别表示奇场和偶场条纹对应的帧条纹，这两个帧条纹是客观存在而实际上没有采集的图像，分别相当于在 t_1 和 t_2 时刻由该摄像机逐行扫描方式正常采集的图像。若文中无特殊说明，单场对应的帧图像一般都指摄像机采用隔行扫描方式正常记录该单场这一时刻，假设摄像机采用逐行扫描方式获取同样大小（$M \times N$ pixels）正常记录的帧图像。正弦光栅的栅线与摄像机的扫描线有垂直和平行两种位置关系，当正弦光栅的栅线垂直于摄像机的扫描线时，帧条纹分别表示为

$$g_{t_1}(x, y) = a_{t_1}(x, y) + b_{t_1}(x, y)\cos(2\pi f_1 x + \varphi_{t_1}(x, y)) \quad (2-15)$$

$$g_{t_2}(x, y) = a_{t_2}(x, y) + b_{t_2}(x, y)\cos(2\pi f_1 x + \varphi_{t_2}(x, y)) \quad (2-16)$$

其中，$a(x,y)$ 和 $b(x,y)$ 分别为条纹的背景和对比度光强；f_1 为正弦条纹的空间基频，条纹周期 $p_1=1/f_1$；$\varphi(x,y)$ 为由物体表面高度变化产生的调制相位。

以奇场条纹的去隔行处理为例来说明。对奇场条纹计算二维快速傅里叶变换，获得 $g_o(x,y)$ 的傅里叶频谱：将 $g_o(x,y)$、$g_{t_1}(x,y)$ 和 $u_o(x,y)$ 的二维傅里叶变换频谱分别记为 $G_o(f_x,f_y)$、$G_{t_1}(f_x,f_y)$ 和 $U_o(f_x,f_y)$，则

$$G_{t_1}(f_x,f_y)=\text{FFT}\{g_{t_1}(x,y)\}$$
$$=A_{t_1}(f_x,f_y)+Q_{t_1}(f_x-f_1,f_y)+Q_{t_1}^*(f_x+f_1,f_y) \qquad (2-17)$$

式中，$A_{t_1}(f_x,f_y)$、$Q_{t_1}(f_x-f_1,f_y)$ 和 $Q_{t_1}^*(f_x+f_1,f_y)$ 分别为 $a_{t_1}(x,y)$、$1/2b_{t_1}(x,y)\exp[i(2\pi f_1 x+\varphi_{t_1}(x,y)]$ 和 $1/2b_{t_1}(x,y)\exp[-i(2\pi f_1 x+\varphi_{t_1}(x,y)]$ 的傅里叶变换频谱。

$$U_o(f_y)=\text{FFT}\{u_o(x,y)\}=\frac{1}{2}\sum_{k=-\infty}^{\infty}\delta\left(f_y-\frac{k}{2}\right) \qquad (2-18)$$

$$G_o(f_x,f_y)=\text{FFT}\{g_o(x,y)\}=\text{FFT}\{g_{t_1}(x,y)\}*\text{FFT}\{u_o(x,y)\}$$

$$=G_{t_1}(f_x,f_y)*U_o(f_y)=\frac{1}{2}\sum_{k=-\infty}^{\infty}\left[G_{t_1}(f_x,f_y-kf_2)\right]$$

$$=\frac{1}{2}G_{t_1}(f_x,f_y)+\frac{1}{2}G_{t_1}(f_x,f_y+f_2)+\frac{1}{2}G_{t_1}(f_x,f_y-f_2)$$

$$+\frac{1}{2}\sum_{n=2}^{\infty}\left[G_{t_1}(f_x,f_y+kf_2)+G_{t_1}(f_x,f_y-kf_2)\right]$$

$$(2-19)$$

其中，* 为卷积；k 为整数；n 为自然数。

从式（2-14）～式（2-16）可看出，$G_o(f_x,f_y)$ 就是 $U_o(f_x,f_y)$ 与 $G_{t_1}(f_x,f_y)$ 的卷积，是不同位置的 δ 函数与

$G_{t_1}(f_x, f_y)$ 卷积，结果是把 $G_{t1}(f_x, f_y)$ 复制到该脉冲所在频谱的空间位置，并乘以该脉冲幅值的 1/2 倍。

满足抽样定理时，$G_{t1}(f_x, f_y)$ 和 $U_o(f_x, f_y)$ 各个频谱岛间通常都是相互分离的。不考虑投影系统和成像系统的非线性 [35-43,126-128] 时，正弦光栅投影获得的帧变形条纹的傅里叶变换频谱只有零级和正负一级频谱，如式（2-14）和图 2-5（a）所示（nF_i 代表 f_i 的 n 级频谱，下同）。梳状函数的傅里叶频谱有很多级次 [如式（2-15）所示]，但在与空间图像大小相对应的有限频谱空间内，频谱移中后，梳状函数 $U_o(f_x, f_y)$ 的频谱面上仅有三个次级的频谱，如图 2-5（b）所示，其频谱中心分别在频域空间第 1 行、$M/2 + 1$ 行和第 $M+1$ 行上，分别对应 $k=-1$、0、$+1$，并且只有 $k=0$ 时的频谱是完整的，$k=\pm1$ 时的频谱都不完整。根据式（2-16），单场条纹的傅里叶变换频谱是单场对应帧条纹的频谱被复制到 δ 函数所在频谱空间的位置上，并乘以该 δ 函数幅值的 1/2 倍；只要 $G_{t_1}(f_x, f_y)$ 和 $U_o(f_x, f_y)$ 各自的频谱岛间是相互分离的，$G_{t_1}(f_x, f_y)$ 和 $U_o(f_x, f_y)$ 卷积所产生的相邻频谱之间也是相互分离的，如图 2-5（c）所示 [F_{mn} 代表 $U_o(f_x, f_y)$ 的 m 级频谱与 $G_{t_1}(f_x, f_y)$ 频谱卷积后形成频谱中的 n 级频谱，下同]。图 2-5（c）中上下部分的频谱，分别是（2-16）式中的第二项和第三项的一部分频谱，同一级次的频谱（如 $k=+1$ 或 $k=-1$）不完整，显然都无法恢复 $G_{t_1}(f_x, f_y)$ 的频谱。图 2-5（c）中小长方形框起来的部分对应（2-16）式中的第一项，也就是（1/2）$G_{t_1}(f_x, f_y)$ 的正、负一级和零级三个频谱，并且三个频谱都完整。要恢复单场条纹对应的帧条纹的频谱 $G_{t_1}(f_x, f_y)$，只要滤出式（2-16）中的第一项，也就是图 2-5（c）中的三个频谱，再对滤出的频谱乘 2，就可恢复 $G_{t_1}(f_x, f_y)$ 的频谱 $G'_{t_1}(f_x, f_y)$，即

$$G'_{t_1}\left(f_x,\ f_y\right)=\frac{1}{2}G_{t_1}\left(f_x,\ f_y\right)\times 2=G_{t_1}\left(f_x,\ f_y\right) \qquad （2-20）$$

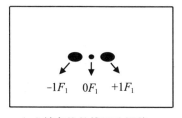

（a）帧条纹的傅里叶频谱

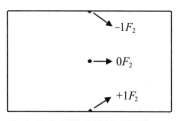

（b）梳状函数的傅里叶频谱

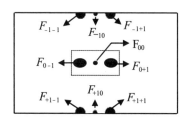

（c）单场条纹的傅里叶频谱

图2-5　傅里叶频谱（垂直）

式（2-20）逆傅里叶变换到空域，获得 $g_{t_1}^{\mathrm{d}}\left(x,y\right)$，用 D 表示傅里叶变换去隔行算子：

$$
\begin{aligned}
g_{t_1}^{\mathrm{d}}\left(x,\ y\right)&=D\left\{g_{\mathrm{o}}\left(x,\ y\right)\right\}=g_{t_1}\left(x,\ y\right)\\
&=a\left(x,\ y\right)+b\left(x,\ y\right)\cos\left(2\pi f_1 x+i\phi\left(x,\ y\right)\right)
\end{aligned} \qquad （2-21）
$$

从理论上讲，奇场条纹经傅里叶变换去隔行处理后获得的去隔行条纹与奇场条纹对应的帧条纹相同。

同理，对偶场条纹进行傅里叶变换去隔行处理，得到 t_2 时刻的去隔行条纹，它与偶场条纹对应的帧条纹相同。

所以，将一帧变形条纹分成两个单场条纹，通过傅里叶变换去隔行处理，获得两帧去隔行条纹。在精度上，去隔行条纹与单场对应的帧条纹相当。

2.5.2 光栅栅线平行于摄像机扫描线时情况分析

当正弦光栅栅线平行于摄像机扫描线时，被动态物体调制的方向为 y 方向，两个帧条纹分别表示为

$$g_{t_1}(x,\ y) = a_{t_1}(x,\ y) + b_{t_1}(x,\ y)\cos\left(2\pi f_1 y + \varphi_{t_1}(x,\ y)\right) \quad (2\text{-}22)$$

$$g_{t_2}(x,\ y) = a_{t_2}(x,\ y) + b_{t_2}(x,\ y)\cos\left(2\pi f_1 y + \varphi_{t_2}(x,\ y)\right) \quad (2\text{-}23)$$

还以奇场条纹的去隔行处理为例来说明，则

$$\begin{aligned} G_{t_1}(f_x,\ f_y) &= \text{FFT}\left\{g_{t_1}(x,\ y)\right\} \\ &= A_{t_1}(f_x,\ f_y) + Q_{t_1}(f_x,\ f_y - f_1) + Q_{t_1}^*(f_x,\ f_y + f_1) \end{aligned} \quad (2\text{-}24)$$

式中，$A_{t_1}(f_x,\ f_y)$，$Q_{t_1}(f_x,\ f_y - f_1)$ 和 $Q_{t_1}^*(f_x,\ f_y + f_1)$ 分别表示 $a_{t_1}(x,\ y)$、$1/2\, b_{t_1}(x,\ y)\exp[i\,(2\pi f_{1y} + \varphi_{t_1}(x,\ y)]$ 和 $1/2\, b_{t_1}(x,\ y)\exp[-i\,(2\pi f_{1y} + \varphi_{t_1}(x,\ y)]$ 的傅里叶变换频谱。

$$U_o(f_y) = \text{FFT}\left\{u_o(x,\ y)\right\} = \frac{1}{2}\sum_{k=-\infty}^{\infty}\delta\left(f_y - \frac{k}{2}\right) \quad (2\text{-}25)$$

$$G_o\left(f_x, f_y\right) = \mathrm{FFT}\left\{g_o\left(x, y\right)\right\} = \mathrm{FFT}\left\{g_{t_1}\left(x, y\right)\right\} * \mathrm{FFT}\left\{u_o\left(x, y\right)\right\}$$

$$= G_{t_1}\left(f_x, f_y\right) * U_o\left(f_y\right) = \frac{1}{2}\sum_{k=-\infty}^{\infty}\left\{G_{t_1}\left(f_x, f_y - kf_2\right)\right\}$$

$$= \frac{1}{2}G_{t_1}\left(f_x, f_y\right) + \frac{1}{2}G_{t_1}\left(f_x, f_y + f_2\right)$$

$$+ \frac{1}{2}G_{t_1}\left(f_x, f_y - f_2\right)$$

$$+ \frac{1}{2}\sum_{n=2}^{\infty}\left[G_{t_1}\left(f_x, f_y + kf_2\right) + G_{t_1}\left(f_x, f_y - kf_2\right)\right]$$

$$\left(2\text{-}26\right)$$

同样，从式（2-24）～式（2-26）可看出，$G_o\left(f_x, f_y\right)$ 就是不同位置的 δ 函数与 $G_{t_1}\left(f_x, f_y\right)$ 的卷积，把 $G_{t_1}\left(f_x, f_y\right)$ 复制到该脉冲所在频谱的位置，并乘以该脉冲幅值的 1/2 倍。

满足抽样定理时，通常 $G_{t_1}\left(f_x, f_y\right)$ 和 $U_o\left(f_x, f_y\right)$ 各个频谱岛间都是相互分离的。在不考虑投影仪和摄像机的非线性因素影响 [35-43,126-128] 时，正弦光栅投影得到的帧变形条纹图像的傅里叶变换频谱如图 2-6（a）所示。梳状函数的傅里叶频谱如图 2-6（b）所示，根据式（2-22），只要 $G_{t_1}\left(f_x, f_y\right)$ 和 $U_o\left(f_x, f_y\right)$ 各自的频谱岛间是相互分离的，$G_{t_1}\left(f_x, f_y\right)$ 和 $U_o\left(f_x, f_y\right)$ 卷积所产生的相邻频谱之间也是相互分离的，如图 2-6(c)所示。图 2-6（c）中虚线外上下部分的频谱，分别是式（2-16）中的第二项和第三项的一部分频谱，同一级次的频谱（如 $k = +1$ 或 $k = -1$）不完整或有缺失，显然都无法恢复 $G_{t_1}\left(f_x, f_y\right)$ 的频谱。图 2-6（c）中虚线包含的部分对应式（2-22）中的第一项。要恢复单场条纹对应帧条纹的频谱 $G_{t_1}\left(f_x, f_y\right)$，只需滤出图 2-6（c）中虚线内的三个频谱，也就是式（2-22）中的第一项，再将滤出的这些频谱乘 2，就能恢复 $G_{t_1}\left(f_x, f_y\right)$ 的频谱 $G_{t_1}'\left(f_x, f_y\right)$。即

$$G'_{t_1}\left(f_x,\,f_y\right)=\frac{1}{2}G_{t_1}\left(f_x,\,f_y\right)\times 2=G_{t_1}\left(f_x,\,f_y\right)\qquad（2-27）$$

从理论上讲，奇场条纹的去隔行条纹与奇场条纹对应的帧条纹相当。

同理，对偶场条纹进行傅里叶变换去隔行处理，得到 t_2 时刻的去隔行条纹，它与偶场条纹对应的帧条纹相同。

在正弦光栅栅线与摄像机扫描线平行时，能够获得同样的结论：对一帧变形条纹分成两个单场条纹，通过傅里叶变换去隔行处理，获得两帧去隔行条纹。在精度上，去隔行条纹与单场对应的帧条纹相当。

所以，无论正弦光栅栅线与隔行扫描摄像机的扫描线的位置关系是垂直还是平行，只要满足抽样定理和不存在频谱混叠，都可以从单场条纹中通过傅里叶变换去隔行处理，获得的去隔行条纹在精度上与单场对应帧条纹相当，从而获得较高精度的恢复条纹。

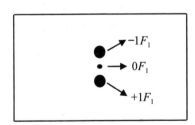

（a）帧条纹的傅里叶频谱

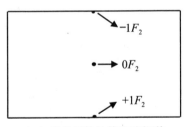

（b）梳状函数的傅里叶频谱

图 2-6　傅里叶频谱（平行）

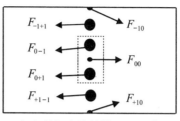

（c）单场条纹的傅里叶频谱

图 2-6　傅里叶频谱（平行）（续）

对式（2-26）逆傅里叶变换，获得 $g_{t_1}^{\mathrm{d}}(x, y)$：

$$g_{t_1}^{\mathrm{d}}(x, y) = \mathrm{D}\{g_o(x, y)\} = g_{t_1}(x, y)$$
$$= a(x, y) + b(x, y)\cos(2\pi f_1 y + i\phi(x, y)) \tag{2-28}$$

2.5.3　傅里叶变换去隔行算法的处理流程

为清晰描述傅里叶变换去隔行算法的过程，给出其处理流程，如图 2-7 所示。

把动态物体的每一帧变形条纹分成奇偶两场图像，对奇场和偶场图像分别进行傅里叶变换去隔行处理（快速傅里叶变换、频域滤波、乘 2、逆快速傅里叶变换、取实部），得到 t_1 和 t_2 时刻的两帧去隔行条纹图像。其中在频域滤波时，要注意滤波窗口不能过大，因为频谱面内还有距离基频较近的频谱，否则可能滤出其他频谱，降低去隔行的精度；逆傅里叶变换后要进行取实部处理，是因为逆傅里叶变换后的条纹灰度值可能为复数，取实部变为实数。

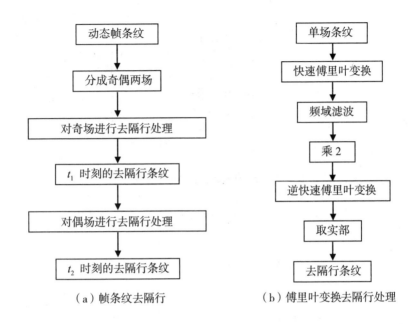

（a）帧条纹去隔行　　　　　（b）傅里叶变换去隔行处理

图 2-7　帧条纹去隔行处理流程

2.5.4　在动态三维面形测量中的潜在应用

在三维面形测量中，要获得高的测量精度，一般要求能够获得高质量的变形条纹，虽然利用隔行扫描摄像机采集动态物体的帧条纹存在一定的问题，直接利用其照选用的条纹分析方法进行三维面形重构可能有较大误差，甚至会产生错误。但把一个帧条纹分成两个单场图像，分别利用傅里叶变换去隔行算法进行处理，获得两帧相隔一个场周期时间的质量高的去隔行条纹，再利用条纹分析方法重构两个三维面形，该方法使时间采样频率提高一倍，进而提高了时间分辨率。

这种去隔行算法为隔行扫描摄像机采集动态物体变形条

纹，应用到相位测量轮廓术、空间相位测量和傅里叶变换轮廓术等方法中提供了可能性。

2.6　本章小结

本章详细介绍了在采用结构光照明条件下实现动态三维面形测量时针对隔行扫描摄像机获取动态物体的帧变形条纹具有单一方向调制的特征，并结合单场条纹的独特分布情况，提出了傅里叶变换去隔行算法，把奇偶场错位的帧条纹图像分成两幅单场条纹图像，对单场条纹进行傅里叶变换去隔行处理，得到的去隔行帧条纹在精度上与单场对应的帧条纹相当。傅里叶变换去隔行算法为隔行扫描摄像机采集动态物体变形条纹，应用到适合动态面形测量的条纹分析方法中提供了潜在的可能性。

第 3 章　基于单场条纹的傅里叶变换轮廓术

对隔行扫描摄像机获取动态物体的帧变形条纹，可以分解成单场条纹，通过傅里叶变换去隔行算法，获得相隔一个场周期时间的两幅高精度的去隔行恢复帧条纹，再通过某种条纹分析方法重构两个不同时刻的物体三维信息。这样在减小信息传输的带宽的同时，提高了重构面形的时间分辨率。虽然傅里叶变换去隔行算法速度快，但进行去隔行处理总要消耗一定的时间，增加了数据处理的过程，使面形重建过程时间增加。若在实时在线检测这样的动态过程中实施三维面形的重构，会增加数据处理的时间，难免影响测量效率。在提高时间分辨率的同时，保持传统条纹分析方法所获得空间分辨率的前提下，能否不进行去隔行处理，直接对单场图像进行更为快速的三维面形重建呢？

采用傅里叶变换轮廓术（FTP）重建动态过程三维面形时，对获取的一系列变形条纹进行傅里叶变换、频域中滤出含有物体信息的正或负一级频谱、逆傅里叶变换和相位展开等处理后，重建出处于运动过程中的物体对应时刻的三维面形。在这个重建过程中，最重要的、要使用到的信息是正或负一级频谱的相位分布。

3.1 傅里叶变换轮廓术动态面形测量的特点

基于 FTP 方法重构动态物体的三维面形过程是：对逐行扫描摄像机获取的一系列变形条纹中的每一帧分别进行傅里叶变换、从频域中滤出含有物体面形信息的正或负一级频谱、逆傅里叶变换、相位提取、相位展开、高度映射等处理后，最终重构出处于动态过程中的被测物体对应时刻的一系列三维面形。在重构面形中，最重要的步骤是从变形条纹的正或负一级频谱中提取包含物体面形信息的相位信息，只要正或负一级频谱完整，滤波函数及其窗口大小选择适当，就可获得包括被测三维物体信息的较完整的复信号，对该复信号无论采用三角函数法还是采用对数取虚部法来计算截断相位，都与正或负一级频谱的幅值系数无关[57-73]。

在第 2 章中的单场条纹的傅里叶变换去隔行分析中，发现在单场条纹和其对应的帧条纹的两个傅里叶频谱面上，某些频谱（包含物体三维面形信息）所包含的相位信息相同，因此可以直接滤出单场条纹频谱中包含重建面形信息所需要的频谱，进行后续的相位计算和展开，重构物体的三维面形信息，而不需要进行去隔行处理。针对隔行扫描摄像机获取的动态物体图像的单场条纹 FTP 方法[129]，下面就从理论分析、计算机仿真、动态物体测量等方面来说明针对隔行扫描成像的动态物体单场 FTP。

3.2 单场条纹傅里叶变换轮廓术动态面形测量原理

当设计的正弦光栅投影到动态物体时，隔行扫描摄像机记录动态物体变形条纹的一段视频，其中的任意一帧变形条纹 $g(x, y)$ 都是由相隔一个场周期时间记录的奇场条纹 $g_o(x, y)$ 和偶场条纹 $g_e(x, y)$ 组成的。当两个单场条纹分别映射到原有帧图像空间大小时，$g(x, y)$ 可以表示为奇场条纹和偶场条纹之和的形式：

$$g_o(x, y) = g_{t_1}(x, y) \cdot u_o(x, y) \qquad (3\text{-}1)$$

　　下标 o 和 e 分别代表奇场条纹和偶场条纹，x、y 为图像坐标系的像素坐标。单场条纹的隔行信息缺失：在平行于摄像机扫描方向上的相邻两行中，其中一行是摄像机正常采集的有效数据，另一行的光强值全部是 0[117-119]。针对这一特点，单场条纹（大小为 $M \times N$ pixels）的强度分布可以看作该摄像机传统上采用逐行扫描方式正常记录的一个帧变形条纹被一个周期为 2 piexls 的梳状调制信号空间抽样的结果。假设摄像机在隔行扫描方式下为奇场优先（奇场先被记录），t_1 和 t_2 分别是记录奇场条纹和偶场条纹的时刻，奇场和偶场条纹分别表示为

$$g_o(x, y) = g_{t_1}(x, y) \cdot u_o(x, y) \qquad (3\text{-}2a)$$

$$g_e(x, y) = g_{t_2}(x, y) \cdot u_e(x, y) \qquad (3\text{-}2b)$$

　　$u_o(x, y)$ 和 $u_e(x, y)$ 分别表示奇场和偶场条纹对应的梳状函数：

$$u_o(y) = \frac{1}{2} \text{comb}(f_2 y) \qquad (3\text{-}3a)$$

$$u_e(y) = \frac{1}{2} \text{comb}(f_2(y-1)) \qquad (3\text{-}3b)$$

　　f_2 为梳状函数的空间基频，$f_2 = 1/$（2pixels），梳状函数的周期 $p_2 = 1/f_2$，式（3-3a）和式（3-3b）相比，只是 y 方向坐标移动一个像素。$g_{t_1}(x, y)$ 和 $g_{t_2}(x, y)$ 分别表示奇场条纹和偶场条纹对应的帧条纹，光栅的栅线与摄像机的扫描线有垂直和平行两种位置关系，当正弦光栅的栅线垂直于摄像机的扫描线时，两个帧条纹分别表示为

$$g_{t_1}(x, y) = a_{t_1}(x, y) + b_{t_1}(x, y)\cos\left(2\pi f_1 x + \varphi_{t_1}(x, y)\right) \qquad (3\text{-}4a)$$

$$g_{t_2}(x, y) = a_{t_2}(x, y) + b_{t_2}(x, y)\cos\left(2\pi f_1 x + \varphi_{t_2}(x, y)\right) \quad （3\text{-}4b）$$

其中 f_1、$a(x, y)$ 和 $b(x, y)$ 分别表示条纹的空间基频、背景和对比度光强，$\varphi(x, y)$ 表示由物体表面高度变化所产生的调制相位。

以奇场条纹为例进行分析说明。对奇场条纹计算二维快速傅里叶变换（FFT），获得 $g_o(x, y)$ 的傅里叶频谱：将 $g_o(x, y)$、$g_{t_1}(x, y)$ 和 $u_o(x, y)$ 的二维傅里叶变换频谱分别记为 $G_o(f_x, f_y)$、$G_{t_1}(f_x, f_y)$ 和 $U_o(f_x, f_y)$，则

$$\begin{aligned}
G_{t_1}(f_x, f_y) &= \text{FFT}\{g_{t_1}(x, y)\} \\
&= A_{t_1}(f_x, f_y) + Q_{t_1}(f_x - f_1, f_y) + Q_{t_1}^*(f_x + f_1, f_y)
\end{aligned} \quad （3\text{-}5）$$

式中，$A_{t_1}(f_x, f_y)$，$Q_{t_1}(f_x - f_1, f_y)$ 和 $Q_{t_1}^*(f_x + f_1, f_y)$ 分别为 $a_{t_1}(x, y)$、$1/2 b_{t_1}(x, y)\exp[i(2\pi f_{1x} + \varphi_{t_1}(x, y)]$ 和 $1/2 b_{t_1}(x, y)\exp[-i(2\pi f_{1x} + \varphi_{t_1}(x, y)]$ 的傅里叶变换频谱。$G_{t_1}(f_x, f_y)$ 的频谱如图 3-1（n_{Fi} 代表 f_i 的 n 级频谱，下同）所示。$Q_{t_1}(f_x - f_1, f_y)$ 和 $Q_{t_1}^*(f_x + f_1, f_y)$ 中都含有物体高度的相位信息，分别对应 +1、-1 级频谱，分别如图 3-1 中的频谱 $-1F_1$ 和 $+1F_1$ 所示。在传统 FTP 中，经常选取适当的滤波器及合适的滤波窗口大小来滤出 ±1 级频谱中的任一频谱（如滤出 +1 频谱），计算其逆傅里叶变换，获得一个复信号 $(1/2) b(x, y)\exp[i(2\pi f_{1x} + \varphi_{t_1}(x, y))]$，提取相位分布 $2\pi f_{1x} + \varphi_{t_1}(x, y)$ 来重构物体的三维面形。

梳状函数的频谱如图 3-2 和式（3-6）所示：

$$U_o(f_y) = \text{FFT}\{u_o(x, y)\} = \frac{1}{2}\sum_{k=-\infty}^{\infty}\delta\left(f_y - \frac{k}{2}\right) \quad （3\text{-}6）$$

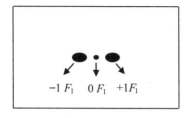

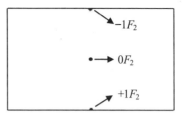

图 3-1 帧条纹的傅里叶频谱（垂直）图 3-2 梳状函数的傅里叶频谱

梳状函数的傅里叶频谱虽然有多级次 [式（3-6）所示]，但在与图像空间大小相对应的有限频谱空间内，频谱移中后，梳状函数 $U_o\left(f_x, f_y\right)$ 的频谱面上仅有三个级次的频谱，如图 3-2 所示，其频谱中心分别在频域空间第 1 行、$M/2+1$ 行和第 $M+1$ 行上，分别对应 $k=-1$、0、$+1$，并且只有 $k=0$ 时的频谱是完整的，$k=\pm 1$ 时的频谱都不完整。

$$G_o\left(f_x, f_y\right) = \text{FFT}\left\{g_o\left(x, y\right)\right\} = \text{FFT}\left\{g_{t_1}\left(x, y\right)\right\} * \text{FFT}\left\{u_o\left(x, y\right)\right\}$$

$$= G_{t_1}\left(f_x, f_y\right) * U_o\left(f_y\right) = \frac{1}{2}\sum_{k=-\infty}^{\infty}\left[G_{t_1}\left(f_x, f_y - kf_2\right)\right]$$

$$= \frac{1}{2}\sum_{k=-\infty}^{\infty}\left[A_{t_1}\left(f_x, f_y - kf_2\right) + Q_{t_1}\left(f_x - f_1, f_y - kf_2\right)\right.$$

$$\left. + Q_{t_1}^*\left(f_x + f_1, f_y - kf_2\right)\right]$$

$$（3-7）$$

其中，* 为卷积；k 为整数。

从式（3-5）～式（3-7）可看出，$G_o\left(f_x, f_y\right)$ 是 $U_o\left(f_x, f_y\right)$ 与 $G_{t_1}\left(f_x, f_y\right)$ 的卷积。据式（3-7），奇场条纹的傅里叶变换频谱是奇场对应帧条纹的频谱被复制到 δ 函数所在频谱空间的位置上，并乘该 δ 函数幅值的 1/2 倍；只要 $G_{t_1}\left(f_x, f_y\right)$ 和 $U_o\left(f_x, f_y\right)$ 各自的频谱岛间是相互分离的，$G_{t_1}\left(f_x, f_y\right)$ 和 $U_o\left(f_x, f_y\right)$ 卷积所产生的相邻频谱之间也是相互分离的，如

图 3-3 所示 [F_{mn} 代表 $U_o(f_x, f_y)$ 的 m 级频谱与 $G_{t_1}(f_x, f_y)$ 频谱卷积后形成频谱中的 n 级频谱]。

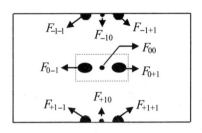

F_{-1-1} F_{-10} F_{-1+1}

F_{00}

F_{0-1} F_{0+1}

F_{+1-1} F_{+10} F_{+1+1}

图 3-3 单场条纹的傅里叶频谱（垂直）

图 3-3 中虚线外上下部分的频谱，分别是式（3-7）中的第二项和第三项的频谱的一部分，同一级次的频谱（如 $k = -1$ 或 $k = -1$）都不完整，显然都无法用来重建物体的面形。图 3-3 中虚线内的部分对应式（3-7）的第一项，也就是（1/2）$G_{t_1}(f_x, f_y)$ 的正、负一级和零级三个频谱都完整，频谱中心都在 $1+M/2$ 上。相对于图 3-1 中滤出的 +1 级频谱，这里对应的滤出频谱 F_{0+1}[即（1/2）$Q_{t_1}(f_x-f_1, f_y)$]，逆傅里叶变换后，获得一个复信号 $g_{or}(x, y)$：

$$g_{or}(x, y) = \frac{1}{4} b(x, y) \exp\left[i\left(2\pi f_1 x + \varphi_{t_1}(x, y)\right) \right] \quad （3-8）$$

它的相位分布：

$$2\pi f_1 x + \varphi_{or}(x, y) = \mathrm{Im}\{\ln g_{or}(x, y)\} = 2\pi f_1 x + \varphi_{t_1}(x, y) \quad （3-9）$$

也就是

$$\varphi_{or}(x, y) = \varphi_{t_1}(x, y) \quad （3-10）$$

$\varphi_{or}(x, y)$ 是在 t_1 时刻从奇场条纹中恢复的有关物体高度信息的相位，Im{ } 表示提取复数的虚数部分。从式（3-9）和式（3-10）中可以看出，从奇场条纹提取的相位信息与从奇场对应帧条纹提取的相位信息相同；任何一个复信号用指数形式表示时，它的相位分布显然都与指数前面的实系数 [如从奇场条纹中提取的复信号的指数形式的实系数 $(1/4) b (x, y)$，从奇场对应的帧条纹中提取的复信号的指数形式的实系数 $(1/2) b (x, y)$] 无关。

对静止的参考平面上记录的参考条纹进行傅里叶变换、提取其 +1 级频谱，逆傅里叶变换和相位计算，获得参考平面的截断相位 $2\pi f_1 x + \varphi_r (x, y)$，$\varphi_r (x, y)$ 为参考平面的初相位。与物体高度分布直接相关的相位差 $\Delta\varphi_{or} (x, y)$：

$$\Delta\varphi_{or}(x, y) = \varphi_{or}(x, y) - \varphi_r(x, y) = \varphi_{t_1}(x, y) - \varphi_r(x, y) = \Delta\varphi_{t_1}(x, y)$$

$$(3-11)$$

通过合适的相位展开算法，获得相位差的展开相位 $\Delta\varphi_{or}(x, y)$，根据相位差与测量系统间 L 和 d 的关系，获得高度分布：

$$h_o(x, y) = \frac{L\Delta\varphi_{or}(x, y)}{\Delta\varphi_{or}(x, y) - 2\pi f_1 d} = \frac{L\Delta\varphi_{t_1}(x, y)}{\Delta\varphi_{t_1}(x, y) - 2\pi f_1 d} = h_{t_1}(x, y)$$

$$(3-12)$$

这样，奇场条纹直接使用 FTP，就可重构 t_1 时刻的动态物体的三维面形。从理论上讲，这个面形与奇场对应的帧条纹直接利用 FTP 重构的面形相同。

同理，偶场条纹直接利用 FTP 进行面形重构，得到 t_2 时刻的动态物体的三维面形，该面形与偶场对应的帧条纹重构的两个三维面形也是相同的。

所以，将一帧变形条纹分成两个单场条纹，每个单场直接利用 FTP 重构一个时刻的一个三维面形，这个面形与该单场对应的帧条纹重建的面形相同。这样一帧变形条纹可以重建两个相隔一个场周期时间的不同的三维面形，而且保持了传统 FTP 方法的精度。

当正弦光栅栅线平行于摄像机扫描线时，也可获得相同的结论。这时，单场条纹的傅里叶频谱如图3-4所示，与图3-3相比，在图3-4中虚线外，频谱F_{-1+1}和F_{+1-1}也是完整的，分别对应帧条纹频谱的+1和-1级频谱，它们的振幅是对应帧条纹频谱的1级频谱的1/2。频谱F_{-1+1}与F_{0+1}相同，都对应帧条纹频谱的+1级频谱。频谱F_{+1-1}与F_{0-1}相同，都对应帧条纹频谱的-1级频谱。因此，由频谱F_{-1+1}、F_{0+1}、F_{+1-1}和F_{0-1}可重建某一时刻的相同的面形。

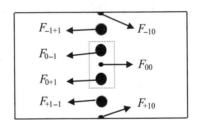

图3-4 单场条纹的傅里叶频谱（平行）

3.3 频谱不混叠的条件

以上分析都是建立在单场条纹的不同级次k的1级频谱不存在频谱混叠的基础上的。根据正弦条纹傅里叶频谱的±1级频谱中心与条纹图像基频的几何关系，在满足抽样定理的条件下，在不考虑摄像机和投影仪的非线性因素时[35-43,126-128]，分析正弦条纹栅线与摄像机扫描线两种位置关系下的频谱不混叠的条件。

3.3.1 光栅栅线垂直于摄像机扫描线时分析

当光栅栅线垂直于摄像机扫描线时，以奇场条纹为例进行分析。由于 $u_o(x, y)$ 是周期为 2 pixel 的梳状调制信号，刚好满足抽样定理，它的傅里叶频谱 $U_o(f_x, f_y)$ 不存在频谱混叠；而 $G_{t_1}(f_x, f_y)$ 的频谱中心分布在同一行上，$U_o(f_x, f_y)$ 与 $G_{t_1}(f_x, f_y)$ 的卷积结果是把 $G_{t_1}(f_x, f_y)$ 的频谱复制到 $U_o(f_x, f_y)$ 的各个频谱中心所在的行上，只要 $G_{t_1}(f_x, f_y)$ 的各个频谱分离，卷积所得频谱肯定是相互分离的，所以这里只需考虑 $G_{t_1}(f_x, f_y)$ 的不混叠条件。陈文静等 [123] 详细分析了傅里叶变换轮廓术的频谱不混叠条件，即为防止摄像机的感光面上成像单元抽样引起信号频谱混叠的出现，在 1 个条纹周期中成像单元至少要抽出 4 个样点值，即 $f_1 \leqslant 1/(4 \text{ pixel})$。

所以，光栅栅线与摄像机扫描线垂直时的不混叠条件是 $f_1 \leqslant 1/(4 \text{ pixel})$。

3.3.2　光栅栅线平行于摄像机扫描线时分析

当光栅栅线平行于摄像机扫描线时，多个级次频谱中心分布在一列上，很容易引起频谱混叠。据条纹空间基频及条纹的频谱中心坐标位置与图像大小的关系，当 $f_1 = 1/(4 \text{ pixel})$ 时，频谱 F_{0-1} 与 F_{-1+1}、频谱 F_{0+1} 与 F_{+1-1} 完全重合。如前所述，要确保相邻频谱岛中的基频分量不存在频谱混叠，必须满足条件：$f_1 < 1/(4 \text{ pixel})$，并且 f_1 越小，频谱混叠的可能性就越小，但此时与梳状调制信号卷积后的一级频谱距离中心零级频谱越近，对频域滤波不利。所以当光栅栅线平行于摄像机扫描线时，在实际测量中的空间基频 f_1 要小一点，但不能过小。

3.4　仿真及动态实验

为验证该方法的可行性和有效性，进行了仿真和动态实验分析。

3.4.1 仿真实验分析

实际的动态三维面形测量过程需要获取多帧图像才能完成，此处只模拟一帧条纹图像的处理过程来说明计算机模拟验证单场 FTP 的可行性。设成像系统到投影系统的水平距离 $D=300$ mm，成像系统到参考面的距离 $L=1\,500$ mm，模拟物体（高度为 $0\sim24.56$ mm）如图 3-5（a）所示，向物体表面投影光栅栅线与 CCD 扫描线垂直的正弦条纹。在保持参数不变的条件下，模拟的静态满帧变形条纹 [256×256 pixel，$f_1=1/$（8 pixel）] 如图 3-5（b）所示。

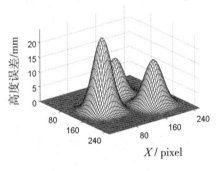 

（a）模拟物体　　　　　　　　（b）静态满帧条纹

图 3-5　模拟物体及静态满帧变形条纹

从图 3-5 分离出的单场记录条纹（选奇场）如图 3-6（a）所示。

为说明动态满帧图像存在的错位模糊、增大测量误差的问题，假设模拟物体经过一个场扫描周期后，沿 X 轴平移运动了 5 个像素；若此时曝光记录物体平移后的变形条纹作为偶场条纹，与前一时刻的奇场条纹 [图 3-6（a）] 合成动态满帧条纹 [图 3-6（b）]，可以看到有明显的错位模糊；利用此动态满帧条纹进行 FTP 重建物体面形如图 3-7（a）所示，与模拟物体间的高度误差如图 3-7（b）所示，整体误差较大。如果物体运动速度越快，条纹的错位模糊将会越大，重建物体误差就会越大。同时，从时间角度来看，这样的重建结果也只能表征两场图像曝光时间段内被测物体面形的时间平均效果，不能精确表征每一时刻的即时面形分布。

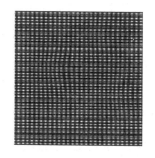 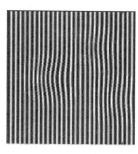

（a）单场记录条纹　　　（b）静态满帧条纹

图 3-6　单场条纹及动态满帧条纹图像

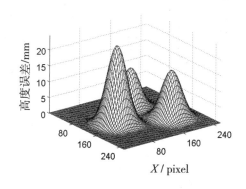

（a）动态满帧条纹重建物体

图 3-7　动态满帧条纹重建物体及其误差分布

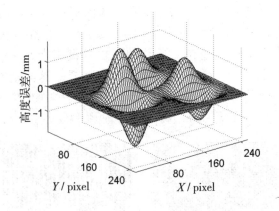

（b）重建物体的误差分布

图 3-7　动态满帧条纹重建物体及其误差分布（续）

利用图 3-6（a）单场条纹经 FTP 处理重建动态物体的三维面形如图 3-8（a）所示，比较静态满帧条纹，对应的单场条纹、动态满帧条纹重建的三维面形与模拟物体比较的最大误差（MAXE）和标准差（SD），如表 3-1 所示。从表 3-1 可以看出，动态满帧条纹的重建面形的误差已是静态满帧条纹重建物体与模拟物体间的误差的 10 倍以上。单场条纹与静态满帧条纹重建物体误差相当。

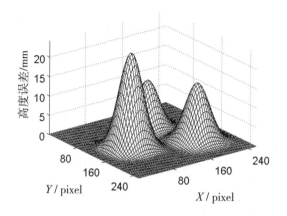

（a）单场条纹重建物体

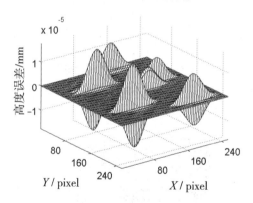

（b）重建物体误差

图 3-8 单场条纹重建物体及其误差

表 3-1 三种条纹重建三维面形的误差比较

条纹	静态满帧条纹	单场条纹	动态满帧条纹
MAXE /mm	0.16	0.16	1.84
SD /mm	0.014	0.014	0.38

为了进一步探讨单场条纹重建物体与静态满帧条纹重建物体的相似程度，比较单场条纹重建物体与静态满帧条纹重建物体面形间的高度误差，如图3-8（b）所示，最大误差为2×10^{-5} mm，二者间的差别很小，远远小于测量精度，是完全可以忽略的。

从以上模拟数据分析可知，单场重建物体面形与对应的准确满帧条纹重建物体面形相同，与理论分析吻合。所以用单场条纹直接完成动态物体的三维面形测量是完全可行的，而且保持了原有准确满帧条纹重建物体面形的测量精度。

3.4.2 动态实验分析

为了验证单场傅里叶变换轮廓术的实用性，选一近似圆木块做成单摆，摆长$L_2 = 1\ 980$ mm，拉开物体升起的高度为$h = 50$ mm。用正弦光栅结构光进行照明，接8 mm标准镜头的PULNiX TM-6AS隔行扫描CCD相机拍摄单摆运动情况，实验装置如图3-9所示。选择在投影光栅栅线与CCD扫描线平行时进行动态实验分析。

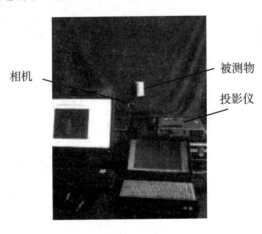

相机　被测物　投影仪

图3-9　实验装置图

从拍摄的动态满帧图像中取出1帧，截成 300×300 pixel 大小，如图3-10（a）所示，单场条纹如图3-10（b）和（c）所示。从图中可以看出，图像亮度较低。

图3-10（b）的傅里叶频谱如图3-11所示，2和5为+1级频谱，3和6为-1级频谱，可滤出频谱2、3、5、6中的任意一个，利用FTP重建三维面形，这里选频谱5。

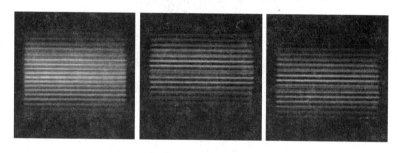

（a）动态满帧条纹　　　（b）奇场条纹　　　（c）偶场条纹

图3-10　动态满帧条纹及其单场条纹

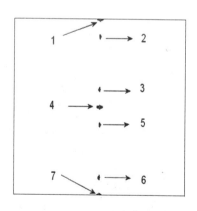

图3-11　奇数场条纹的频谱

奇偶两场的展开相位差如图3-12（a）所示，两场间错位仍然很大；取两场第 115 列的展开相位比较，如图 3-12（b）所示，其前端错位 28 个 pixel，后端错位 30 个 pixel，不能用动态满帧条纹直接利用 FTP 重建物体面形。

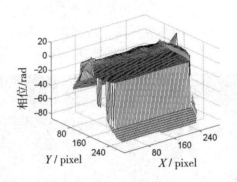

（a）奇偶两场展开相位差

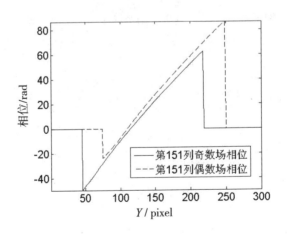

（b）第 115 列展开相位差

图 3-12　奇偶两场的展开相位差及一行的分布

从两个单场直接利用 FTP 重建相差一个场周期时间的两个时刻的三维面形，利用奇偶单场重建的圆木相位分布 [图

3-13（a）和图 3-13（b）] 可以很好地重建被测物体的三维面形，说明单场 FTP 是有效的测量方法。

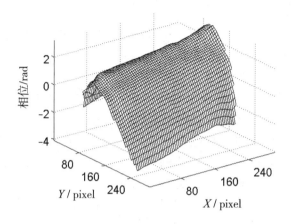

（a）奇场条纹重建圆木相位分布

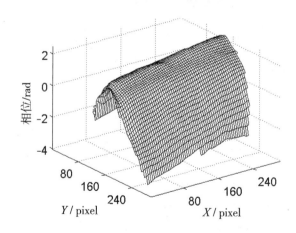

（b）偶场条纹重建圆木相位分布

图 3-13　单场条纹重建圆木的相位分布

3.5　本章小结

　　本章主要提出了基于单场条纹的傅里叶变换轮廓术，着重分析了基于 FTP 的动态面形测量的特点及单场条纹 FTP 的原理和频谱不混叠的条件。得出的结论是单场条纹与对应的帧条纹利用 FTP 重建的物体面形相同。频谱不混叠的条件是：当光栅栅线与摄像机扫描线垂直时，$f_1 \leqslant 1/$（4 pixel）；当光栅栅线与摄像机扫描线平行时，$f_1 < 1/$（4 pixel）。通过仿真和动态实验验证了该方法的可行性和有效性。该方法既无须进行去隔行处理，又避免直接利用帧条纹重建物体面形而导致误差过大，甚至错误的问题。该方法既保持了传统 FTP 的测量精度，又使测量系统的时间分辨率提高了一倍，提高了存储速度，具有较强的实用价值。

第4章 条纹方向选择对动态面形测量精度的影响

为了提高测量精度，在隔行扫描摄像机记录动态物体变形条纹图像，实现动态三维面形测量的实践中，针对采集的条纹方向（栅线与摄像机的扫描线垂直和平行两种基本位置关系）的不同，单场条纹的频谱中存在不同程度的频谱混叠问题，从等效波长、滤波窗口大小、投影系统和成像系统的非线性影响等方面分析、对比条纹的空间基频高低在不同位置关系下对系统测量精度的影响，得出了一些实用的分析结果，获得了一些光栅优化设计的原则，为实际动态面形测量提供了实践参考。

4.1 动态测量中成像清晰的条件

在利用图像进行动态测量时，一般都要求图像清晰，如要求对比度高、强度的动态范围大、物体边缘清晰、图像细节特征明显等。摄像机拍摄动态物体时，由于动态物体的变化速度过快或者相关参数设置不当，采集的图像常常存在不同程度的模糊问题。

动态物体在曝光时间 T_1 内产生一定的空间变化量，使摄像机与开始采集被测动态物体的场景之间存在相对位移量，在摄像机 CCD 或 CMOS 场积分时间内，被记录动态物体的影像在成像靶面上产生一定的移动，可能会导致摄像机记录的图像存在一定程度的模糊现象。设动态物体随时间 t 变化的函数为 $v(t)$，在曝光时间内的三维空间的位移量可以表示为

$$S = \int_0^{T_1} v(t)\mathrm{d}t \qquad (4-1)$$

设在曝光开始时动态物体上某一小特征区域正好映射在成像面上一个成像单元上，当曝光结束时，该特征区域的移动量反映在摄像机感光面上的像移量不小于半个成像单元时，在摄像机采集的图像上，该区域的像就可能对应两个或两个以上像素的位置，导致图像模糊。所以要确保成像清晰，动态物体在曝光过程中的移动量映射到感光面上的像移量，应该小于一个成像单元的一半；为保证有足够的动态分辨率，选定的像移量通常为成像单元的 1/3 左右。

CCD 和 CMOS 摄像机都具有线性积分的成像特性，使得图像上像素点的灰度值与该点的曝光量成正比，并且曝光量正比于曝光时间，图像上任一区域（点、线或面）的灰度积分都与该区域所获取的曝光量及曝光时间成正比[130-131]。

在曝光时间内的动态物体的空间位移量可以分解为：垂直于摄像机光轴的 $X\text{-}O\text{-}Y$ 平面上的位移，可能产生运动模糊；平行于摄像机光轴的 Z 轴方向的位移，可能产生离焦模糊。

以在 X 方向上的位移分量为例说明在 $X\text{-}O\text{-}Y$ 平面上位移对成像的影响，设 X 轴上的位移分量为 S_X，如图 4-1 所示，动态物体上某点 E 在曝光开始时在成像面上的像点为 e，在曝光结束时点 E 移动到点 E'，成像于 e' 点。C 点为成像系统的光学中心。在一般的面形测量系统中，物距 l_o 通常远远大于像距 l_i，像距近似等于镜头焦距 l_c。根据小孔成像模型可推导出动态物体在 X 方向上的位移分量表达式：

$$S_X = \frac{l_o}{l_c} \times \frac{1}{3} d_X \qquad (4-2)$$

其中，l_o 为物距；l_c 为镜头焦距；d_X 为 X 方向上的像素尺寸。

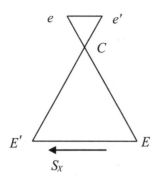

图 4-1　运动成像原理

若动态物体在 X 方向上的改变为匀变速或匀速，设平均变化速度为 $\bar{v}_X$，则式（4-2）可改写为

$$\bar{v}_X \times T_1 = \frac{l_o}{l_c} \times \frac{1}{3} d_X \qquad （4-3）$$

由式（4-3）可知，在镜头焦距、曝光时间一定时，动态物体的变化速度与物距成正比。增大物距，可以提高测量动态物体的变化速度，但会使动态物体的有效空间分辨率降低。通常，在镜头焦距、物距一定时，通过减少曝光时间来提高测量动态物体变化速度。但摄像机的曝光时间不能无限减少，而且高帧频摄像机的价格大多不菲。当曝光时间减少时，采集图像的信噪比减小，图像质量可能有所降低。

动态物体在曝光时间内在 Z 方向指向摄像机的正位移分量 S_Z，导致离焦成像，使成像光斑变大，离焦的程度受摄像机镜头孔径及物距影响[132-133]。在测量系统的摄像机景深范围内虽然存在一定的离焦量，但在成像面上映射的像不存在模糊问题；如果有一部分超出了摄像机景深范围，该超出部分映射到在摄像机感光面上的成像尺寸小于像素尺寸的一半，也可以成清晰的像。

4.2 面结构光产生方法

在结构光照明的动态面形测量中，被测动态物体表面需要投影面结构光。通常，面结构光的产生方法主要包括干涉法、物理光栅法、数字光栅法等。

4.2.1 干涉法

Srinivansan 等利用激光剪切干涉法获取面结构光[33-34]，原理如图 4-2 所示。空间滤波器由透镜 L_1 和针孔 P_1 组成，相位调制器由 1/4 波片 Q 和偏振器 P_2 组成。激光器产生的线偏振光通过空间滤波器后，被 Wallaston 棱镜剪切，在相位调制器后形成正弦条纹。正弦条纹的周期可通过调整 Wallaston 棱镜与针孔 P_1 的间距来改变。该方法对外界干扰不敏感，精度高，但视场较小，适合分析较小物体。

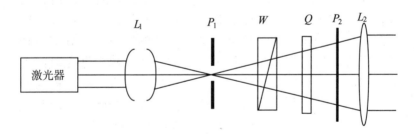

图 4-2　激光剪切干涉法产生面结构光

4.2.2 物理光栅法

物理光栅法是以非相干照明的白光为光源，将真实正弦光栅的像投影到待测物体表面，面结构光的产生原理与幻灯机、投影仪的产生原理相似。该方法可在较大范围内获取结构照明，适合较大的物体面形测量，可避免散斑等问题。制作高质量的正弦光栅是其关键。该方法产生结构光的系统调节较复杂，使用时一般需提供光源，再进行聚焦、准直、扩束等。

4.2.3　数字光栅法

随着数字显示和投影技术的飞速发展，基于 LCD 或 DLP 投影的数字虚拟光栅已广泛应用于面结构光照明中。与传统物理光栅投影相比，利用计算机设计出任意形状、任意周期的光栅图像，采用投影仪将其投影到被测物体，方便快捷，但因为 gamma 校正等，投影仪产生的面结构光与实际设计的光栅图像存在一定的差别，精度有待提高。

4.3　条纹方向选择不同对测量精度的影响

在利用隔行扫描摄像机记录动态物体的变形条纹进行的面形测量中，采集的条纹图像的栅线与摄像机扫描线垂直和平行两种基本位置关系不同，单场条纹的傅里叶频谱的频谱混叠程度不同，测量精度也不同。有必要研究条纹方向选择不同如何影响系统的测量精度这一问题，从中寻找规律，获得光栅设计的原则，指导实际的动态面形测量。

对单场条纹的处理，无论是傅里叶变换去隔行算法，还是单场条纹的 FTP 都有一些相同的处理过程，如傅里叶变换、频域滤波和逆傅里叶变换等。不同之处在于滤出的频谱不同，单场条纹的 FTP 仅需滤出一个基频分量，而傅里叶变换去隔行算法需要同时滤出零频和两个基频分量。两种方法都要滤出基频分量，不同级次的基频分量之间都存在频谱混叠的可能，分析一种方法的情况，对另外一种方法也适用。这里以单场条纹的 FTP 所滤出的基频分量为例进行说明，分别从等效波长、滤波窗口大小的选择、投影系统和成像系统的非线性影响等方面分析比较条纹栅线和摄像机扫描线的垂直与平行两种位置关系的空间基频对测量精度的影响。

4.3.1　从等效波长的角度分析

采用发散照明测量系统（模型图如图 2-4 所示）测量，经设计的正弦光栅通过投影仪投影到测量平面上。如前文第 2 章所述，$\overline{AC} \ll d$，摄像机采集的正弦条纹的等效波长表示为

$$\lambda_{\text{eff}} = \frac{p_0}{\tan \theta} \qquad (4\text{-}4)$$

设 f 为正弦光栅的空间基频，则正弦条纹的周期 $p_0 = 1/f$。

等效波长作为衡量系统测量精度的标准 [33]，在式（4-4）中用空间频率代替条纹周期，则等效波长表示为

$$\lambda_{\text{eff}} = \frac{1}{f \tan \theta} \qquad (4\text{-}5)$$

在 f 一定时，θ 越大，λ_{eff} 越小，系统的测量精度越高。实际测量中，考虑到 θ 太大时，正弦光栅被物体调制后获得的变形条纹因为物体部分表面被遮挡而出现阴影区域，给相位展开带来麻烦，降低了展开相位的精度，所以一般在确保物体表面区域部分的截断相位获得有效展开的情况下，尽量提高 θ，以便获得较高的测量精度。

由第 2、3 章的分析可知，隔行扫描摄像机记录动态物体的变形条纹分成两个单场条纹，在单场条纹保持原有帧条纹

空间尺寸的前提下，单场条纹的强度分布可以看作摄像机传统上采用逐行扫描方式正常记录被测动态物体的一帧变形条纹被一个周期为 2 像素的梳状调制信号空间抽样的结果。在不考虑投影系统和成像系统的非线性影响时，认为隔行扫描摄像机获得的动态物体每一场变形条纹的正弦性是理想的，设单场条纹对应的帧条纹大小为 $M \times N$ pixels，条纹栅线与摄像机扫描线基本位置关系为垂直和平行的单场条纹方程分别为

$$g_v(x, y) = \left[a(x, y) + b(x, y)\cos\left(2\pi f_v x + \varphi(x, y)\right)\right] \cdot \left[\frac{1}{2}\mathrm{comb}(\frac{1}{2}y)\right]$$

$$(4-6)$$

$$g_p(x, y) = \left[a(x, y) + b(x, y)\cos\left(2\pi f_p y + \varphi(x, y)\right)\right] \cdot \left[\frac{1}{2}\mathrm{comb}(\frac{1}{2}y)\right]$$

$$(4-7)$$

其中，下标 v 和 p 分别为条纹栅线与摄像机扫描线位置关系为垂直和平行；x 和 y 为图像坐标系的像素坐标；$a(x, y)$ 和 $b(x, y)$ 分别为条纹的背景光强和对比度光强；$\varphi(x, y)$ 为由物体表面高度变化所产生的调制相位。在式（4-6）和式（4-7）中，每个式子中的前一个方括号内的部分表示单场对应的帧变形条纹，后一个方括号内的部分为梳状调制函数。

计算单场条纹的二维快速傅里叶变换，获得 $g(x, y)$ 的傅里叶频谱 $G(f_x, f_y)$：

$$G_v(f_x, f_y)$$
$$= \frac{1}{2}\sum_{k=-\infty}^{\infty}\left[A\left(f_x, f_y - \frac{1}{2}k\right) + Q\left(f_x - f_v, f_y - \frac{1}{2}k\right) + Q^*\left(f_x + f_v, f_y - \frac{1}{2}k\right)\right]$$

$$(4-8)$$

$$G_p\left(f_x, f_y\right)$$
$$= \frac{1}{2}\sum_{k=-\infty}^{\infty}\left[A\left(f_x, f_y - \frac{1}{2}k\right) + Q\left(f_x, f_y - f_p - \frac{1}{2}k\right) + Q^*\left(f_x, f_y + f_p - \frac{1}{2}k\right)\right]$$

$$(4-9)$$

利用等效波长公式进行分析，在 θ 一定时，f 越大，λ_{eff} 越小，系统的测量精度越高。f 越大，同一级次的基频分量与零频分量的中心距越大。

垂直位置关系的单场条纹的傅里叶频谱如图 4-3 所示，频谱面上能够显示三个级次 $k=0$、± 1 时的频谱，频谱中心分别在第 1 行、第 $1+M/2$、第 $1+M$ 行。不同级次的基频分量之间基本上不存在频谱混叠的可能性。f_v 越大，越容易准确滤出完整的基频成分（如 F_{0-1} 或 F_{0+1}）。由第 3 章分析可知，$f_v \leq 1/（4\mathrm{pixel}）$，所以为提高测量精度，空间基频的最大值可以达到 $1/（4\mathrm{pixel}）$。

平行位置关系的单场条纹的傅里叶频谱如图 4-4 所示，频谱面上能够显示的三个级次频谱也是 $k=0$、± 1 时的频谱，频谱中心也分别在第 1 行、第 $1+M/2$、第 $1+M$ 行。但所有的能显示在频谱面上的频谱中心都在 $1+N/2$ 列上。f_p 越大，不同级次的基频分量（如 F_{-1+1} 和 F_{0-1}，F_{0+1} 和 F_{+1-1} 之间）中心距越小，越容易产生频谱混叠。$f_p=1/（4\mathrm{pixel}）$ 时，不同级次的基频分量完全重合。由第 3 章分析可知，$f_p < 1/（4\mathrm{pixel}）$。很显然，当 f_p 越接近 $1/（4\mathrm{pixel}）$ 时，频谱混叠的可能性越大，越不利于频谱滤波。

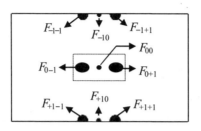

图 4-3　单场条纹的傅里叶频谱（垂直）

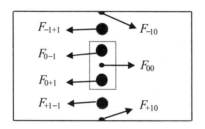

图 4-4　单场条纹的傅里叶频谱（平行）

从等效波长的角度分析，为提高测量精度，采用条纹栅线与摄像机扫描线垂直的高频变形条纹，其重构面形的精度较高。对于同一被测物体，由于条纹的空间基频越高，相位展开的难度越大，相位展开的精度可能下降。根据物体的复杂程度，在确保被测物体区域的截断相位获得有效展开的情况下，尽量提高空间基频。

4.3.2　从滤波窗口大小选择的角度分析

通常，频域滤波的效果与滤波窗函数和滤波窗口大小有关，滤波窗函数常选用滤波效果较好的汉宁、海明或高斯函数。单场条纹的频谱面上有三个级次的三组频谱，与单场对应的帧条纹的频谱相比，滤波窗口大小可能不仅要考虑同一级次的基频与零频分量间的中心距，还要考虑相邻级次的基频分量间的中心距。由于频谱都存在一定程度的频谱延展，根据频谱的对称性，为了便于说明，选择较小的待滤出基频成分与其相邻频谱中心距的一半作为受限最大方向的滤波窗口的一半，实际的滤波考虑到物体形貌和高度变化产生频谱延展及噪声等影响，可能比此标准稍微大一些或小一些。由于二维滤波窗口存在两个方向，根据单个频谱的延展对称性，滤波效果主要由滤波窗口受限制较大的方向决定，所以只分析受限最大的方向上滤波窗口的大小。

不考虑投影系统和成像系统的非线性影响时[35-43,126-128]，根据空间基频、图像大小、频谱的对称性等几何关系，分析滤出一个基频分量（如频谱 F_{0-1}）的滤波窗口大小。为了便于比较两种位置关系的滤波窗口大小，设 $M=N$，都记作 M。

在垂直位置关系情况下，同一级次的基频分量与零频分量之间的中心距为 $M \cdot f_v$，而该基频分量与相邻级次的基频分量间的中心距恒为 $M/2$，为另一个方向（行方向）上窗口大小。由于 $f_v \leq 1/$（4 pixel），显然 $M/2 > M \cdot f_v$。所以其受限最大滤波窗口的大小为 $1+M \cdot f_v$（在行方向上），f_v 越大，滤波窗口越大，越容易准确滤出完整的基频成分。

平行位置关系时，频谱面上所有频谱中心都在 $1+M/2$ 列上，行方向上没有其他频谱，在行方向最大窗口大小为 M，各个频谱中心的行坐标如表 4-1 所示。

表 4-1　频谱的中心的行坐标（平行）

频谱	F_{-10}	F_{-1+1}	F_{0-1}	F_{00}	F_{0+1}	F_{+1-1}	F_{+10}
中心行坐标	1	$1+M \cdot f_p$	$1+M/2-M \cdot f_p$	$1+M/2$	$1+M/2+M \cdot f_p$	$1+M-M \cdot f_p$	$1+M$

综上可知，同一级次的基频分量与零频分量间的中心距为 $M \cdot f_p$，而该基频分量与相邻级次的基频分量间的中心距为 $1+M/2-2M \cdot f_p$，所以只分析受限最大的为列方向，以滤出频谱 F_{0-1} 为例进行分析。

在列方向上，频谱 F_{0-1} 与频谱 F_{00} 中心距小于等于频谱 F_{0-1} 与频谱 F_{-1+1} 中心距时，即

$$M \cdot f_p \leqslant M/2 - 2M \cdot f_p \qquad (4-10)$$

也就是在 $f_p \leqslant 1/（6\,\text{pixel}）$ 时，滤波窗口在列方向大小为 Mf_p。

当频谱 F_{0-1} 与频谱 F_{00} 中心距大于频谱 F_{0-1} 与频谱 F_{-1+1} 中心距时，即

$$M \cdot f_p > M/2 - 2M \cdot f_p \qquad (4-11)$$

结合平行时光栅的空间基频的范围，即 $f_p < 1/（4\,\text{pixel}）$，在 $1/（4\,\text{pixel}）< f_p < 1/（6\,\text{pixel}）$ 时，滤波窗口在列方向大小为 $1+M/2-2M \cdot f_p$。

由以上分析可以得出，$f \leqslant 1/（6\,\text{pixel}）$ 时，两种位置关系中，决定滤波效果的受限最大方向上的频谱窗口的范围相同，选取同样的滤波函数和相同的滤波窗口大小，滤波效果相同，重建面形精度相当。所以栅线与扫描线垂直或平行时，设计的正弦光栅投影到被测动态物体上，只要记录的变形条纹的空间基频 $f \leqslant 1/（6\,\text{pixel}）$，重建物体面形的效果就相同。

变形条纹的空间基频 $1/（4\,\text{pixel}）< f < 1/（6\,\text{pixel}）$，栅线与扫描线平行位置关系的受限最大方向上，滤波窗口范围 $1+M/2-2M \cdot f$ 小于垂直位置关系的受限最大方向上滤波窗口范围 $1+M \cdot f$，所以 $1/（4\,\text{pixel}）< f < 1/（6\,\text{pixel}）$、栅线与扫描线垂直时，滤波效果好，重建面形精度高。

4.3.3 从投影系统和成像系统非线性影响的角度分析

由于成像系统和投影系统都存在不同程度的非线性[35-43,126-128]，尤其是数字投影仪的 gamma 校正的非线性，实际记录的变形条纹的正弦性不是很好，单场对应的帧条纹存在第二级频谱分量，甚至出现更高级次的频谱，所以在单场条纹的频谱面上就会有更多的频谱，频谱混叠的可能性陡增。

若场对应的帧条纹存在二次频谱分量，同一级次的相邻频谱间的中心距仍为 $M \cdot f$。

在垂直位置关系情况下，单场条纹的傅里叶频谱如图 4-5 所示，频谱面上的所有频谱的中心还是分别排布在第 1 行、第 $1+M/2$ 行、第 $1+M$ 行上，频谱 F_{0-1} 和 F_{00} 的中心距为 $M \cdot f_{v}$，频谱 F_{0-1} 和 F_{0-2} 的中心距也为 $M \cdot f_{v}$，该频谱 F_{0-1} 与相邻级次的基频成分间的中心距恒为 $M/2$，为另一个方向（行方向）上窗口大小，不存在频谱混叠的问题。以滤出 $k=0$ 时的频谱 F_{0-1} 为例分析，受限最大的方向上窗口大小为 $1+M \cdot f_{v}$。同样，f_{v} 越大时，滤波窗口越大，越容易准确滤出完整的基频成分。

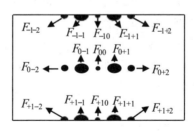

图 4-5 单场条纹的傅里叶频谱（垂直）

在平行位置关系情况下，单场条纹的频谱（图 4-6），所有频谱中心都在 $1+M/2$ 列上。各个频谱中心的行坐标如表 4-2 所示。

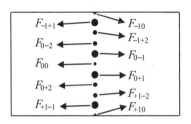

图 4-6　单场条纹的傅里叶频谱（平行）

表 4-2　频谱中心的行坐标（平行）

频谱	F_{-10}	F_{-1+1}	F_{-1+2}	F_{0-2}	F_{0-1}	F_{00}
中心行坐标	1	$1+M\cdot f_p$	$1+2M\cdot f_p$	$1+M/2-2M\cdot f_p$	$1+M/2-M\cdot f_p$	$1+M/2$
频谱	F_{0+1}	F_{0+2}	F_{+1-2}	F_{+1-1}	F_{+10}	
中心行坐标	$1+M/2+M\cdot f_p$	$1+M/2+2M\cdot f_p$	$1+M-2M\cdot f_p$	$1+M-M\cdot f_p$	$1+M$	

　　如果滤出单场条纹频谱中的基频成分（频谱 F_{-1+1}、F_{0-1}、F_{0+1} 和 F_{+1-1}），同一级次的频谱 F_{0-1} 和 F_{00} 的中心距为 $M\cdot f_p$，频谱 F_{0-1} 和 F_{0-2} 的中心距也为 $M\cdot f_p$，根据频谱分布的对称性，频谱 F_{0-1} 与相邻级次的基频成分 F_{-1+2} 的中心距为 $|M/2-3M\cdot f_p|$。

　　当频谱 F_{0-2} 中心没有越过频谱 F_{-1+2} 中心，则

$$M/2-4M\cdot f\geqslant 0 \qquad (4-12)$$

即 $f_p\leqslant 1/(8\ \text{pixel})$，则滤波窗口受限最大的行方向上宽度为 $1+M\cdot f_p$。

当频谱 F_{0-2} 中心已越过频谱 F_{-1+2} 中心，没有达到频谱 F_{-1+1}，则

$$-M \cdot f_p < M/2 - 4M \cdot f_p < 0 \qquad (4-13)$$

当频谱 F_{0-2} 与频谱 F_{-1+1} 中心重合时，有

$$-M \cdot f_p = M/2 - 4M \cdot f_p \qquad (4-14)$$

即 $f_p = 1/$（6 pixel）时，相邻级次的一级频谱分量与二级频谱分量完全重合，可能无法完成重建面形。

当频谱 F_{0-2} 中心越过频谱 F_{-1+1} 中心时，而频谱 F_{0-1} 和 F_{-1-2} 中心距为 $3M \cdot f_p - M/2$，则

$$-2M \cdot f_p < M/2 - 4M \cdot f_p < -M \cdot f_p \qquad (4-15)$$

即 $1/$（6 pixel）$< f_p < 1/$（4 pixel）时，滤波窗口受限最大的行方向上宽度为 $1 + 3M \cdot f_p - M/2$。

可以看出，在考虑非线性效应影响使单场对应的帧条纹存在二级频谱分量时，$f \leq 1/$（8 pixel），两类光栅的滤波受限最大方向上窗口大小相同，滤波效果相同，重建面形精度相当。在 $1/$（8 pixel）$\leq f \leq 1/$（4 pixel）时，栅线与扫描线垂直时的滤波窗口大，滤波效果好，重建面形的精度高。

若存在三级频谱，可做同样的分析，可得：在考虑非线性效应影响存在三级频谱分量时，若 $f \leq 1/$（10 pixel），两种方向条纹的滤波受限最大方向上窗口大小相同，滤波效果相当，重建面形精度相当。若 $1/$（10 pixel）$\leq f \leq 1/$（4 pixel），栅线与扫描线垂直时的滤波窗口大，滤波效果好，重建面形的精度高。

通过上述分析可以得出，在被测物体的面形复杂程度和测量系统（物体、投影系统、成像系统的位置关系）确定时，从隔行扫描摄像机采集动态物体变形条纹的单场中提取关于物体高度信息的截断相位，在确保该截断相位可以有效展开的条件

下，为了提高测量精度，一般来说可以选择栅线与摄像机扫描线垂直的高频条纹，完成动态面形测量；若条纹空间基频 f 较低，两种位置关系的变形条纹重构面形的测量精度相当，都可满足测量需要；若条纹空间基频 f 较高，则选择栅线与扫描线垂直的变形条纹，用来重构物体的三维面形，其测量精度较高。

4.4　正弦光栅参数优化设计原则

通过上述分析，在利用隔行扫描摄像机实现动态面形测量中，最好选择栅线与摄像机扫描线垂直布局的正弦光栅，这不但可以减小频谱混叠的影响，而且可以满足所有光栅投影的面形测量精度需要。

在综合考虑物体表面复杂程度、相位展开的难度和测量系统参数不变（物体、投影系统、成像系统三者位置确定）的情况下，为提高系统的测量精度，设计光栅栅线与摄像机扫描线垂直，空间频率高、中、低的一组正弦光栅，分别投影到被测物体上，分别采集变形条纹，进行分场、提取、截断相位，相位展开等处理，选取可有效相位展开的较大空间基频的变形条纹，用来重构被测物体的三维面形。

4.5　实验与分析

为了验证所提光栅优化设计方法利用隔行扫描线摄像机记录动态物体变形条纹实现三维面形测量的有效性，实施了对运动物体的测量。实验装置如图4-7所示：实验中所用是日立 LCD 投影仪，其型号为 HCP-75X，分辨率为 1024×768 pixels。成像系统采用 Pulnix TM-6AS 隔行扫描 CCD 摄像机，其分辨率为 704×576 pixels，采用 PAL（电视广播制式）视频制式，接一个焦距为 16 mm 的透镜。测量的物体是一个运动近似圆柱状的木头，用一条细线固定在一个支架上，在竖直平面内摆动。在光栅栅线与摄像机扫描线垂直时，将设计空间基频分别为 1/（6 pixel）、1/（10 pixel）、1/（16 pixel）的正弦条纹分别投影到参考平面。

为了说明该方法的测量精度，多个已知高度的平面被测量，并利用双向非线性相位高度映射技术进行径向的标定。投影这三种空间基频 [1/（6 pixel）、1/（10 pixel）、1/（16 pixel）] 的正弦条纹到已知高度为 35 mm 的平面上，使用该隔行扫描摄像机分别记录一帧条纹（对应编号为 E1、E2、E3），分别使用帧条纹和它的奇场条纹，利用 FTP 方法重建面形，计算所得的平均高度（mean height，MH）、最大绝对误差（maximum absolute error，MAXE）和标准差（standard deviation，SD），其值如表 4-3 所示。

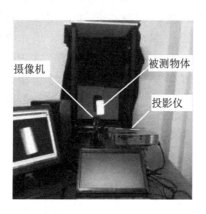

图 4-7　实验装置

表 4-3　不同空间基频的记录条纹重建面形的平均高度及误差

记录条纹	E1		E2		E3	
重建平面所需条纹	帧条纹	其奇场	帧条纹	其奇场	帧条纹	其奇场
MH /mm	35.05	35.05	35.07	35.07	35.08	35.08
MAXE /mm	0.15	0.15	0.16	0.16	0.18	0.18
SD /mm	0.023	0.023	0.024	0.024	0.026	0.026

从表 4-3 中可知，单场条纹和它对应的帧条纹利用 FTP 方法重建的面形的测量精度相同，条纹的空间基频越高，重建的平面的精度越高。对其他已知高度的平面的测量，得到同样的结论。

实验进行前，需要评估拍摄清晰图像对物体运动速度的限制。由于本实验中物体在竖直方向和径向方向的运动速度很小，不必进行相关分析。这里只讨论水平方向上的运动速度的影响。这个摄像机的快门速度为 $1/50 \sim 1/31\,000$ s，设置为 $1/4\,500$ s，为获得清晰和高对比度的运动圆柱形木块的图像，适当调节光圈和增益，通过摄像机针孔模型的简单标定[55]，可计算出被测物体在水平方向上的最大速度为 0.9 m/s。在摄像机的有效视场内，被测物体在竖直方向上被提起 12 mm。考虑到空气阻力的影响，实际的最大速度（最低点位置）小于理想的最大速度 0.49 m/s，由此可确定，在水平方向上，被测物体的最大速度远小于所允许的最大速度，所以，本实验中所有单场条纹都是摄像机正常曝光的记录结果。

利用该隔行扫描摄像机分别投影三种不同正弦光栅到被测运动物体上，分别记录一段视频。利用非线性编辑软件解帧后，各取一帧不同空间基频的变形条纹，分别利用其奇场提取截断相位，发现都能获得较好的展开相位，所以选用空间频率最大的变形条纹来重构物体三维面形，可获得较高的测量精度。将该变形条纹截成 $450 \times 360\ \mathrm{pixel}$，如图4-8所示，对应的参考条纹如图4-9所示。

图4-8　变形条纹　　　图4-9　参考条纹

对变形条纹进行分场操作，得到奇场条纹和偶场条纹，如图4-10所示。从图中可以看出，条纹的对比度明显下降。

（a）奇场条纹　　　（b）偶场条纹

图4-10　单场条纹

奇场条纹的频谱如图4-11（a）所示，与图4-3的分析相一致，对完整的基频成分 F_{0+1} 实施频域滤波，选择滤波效果较高的汉宁窗函数，滤波窗口大小为 $61 \times 61/\mathrm{pixel}$，第226行上第 $201 \sim 261$ 列的滤波情况如图4-11（b）所示，实线代表频谱，虚线代表滤波器。从图中可以看出，所选滤波器和滤波窗口大小合适，可以很好地滤出所需频谱。

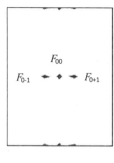 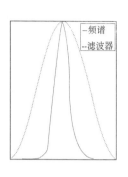

（a）奇场频谱　　　　　（b）一行上的滤波

图 4-11　单场频谱及滤波

在偶场条纹频谱中选取同样级次的频谱，采用相同的滤波函数和窗口大小，滤出完整的基频成分，利用 FTP 方法分别进行重建面形，获得两个三维面形，如图 4-12 所示。从该图中可以看出，重建的三维面形光滑，没有毛刺和跳变，较好地重建了被测物体的面形。一帧变形条纹较好地重建了两个不同时刻的动态物体的面形。

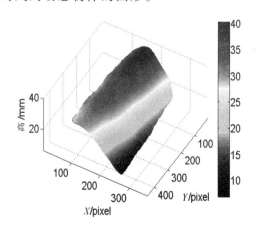

（a）奇场重建面形

图 4-12　单场重建面形

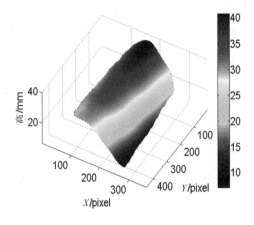

（b）偶场重建面形

图4-12　单场重建面形（续）

4.6　本章小结

在隔行扫描摄像机记录动态物体变形条纹图像实现动态三维面形测量中，分析了动态测量中成像清晰的条件，简述了面结构光设计方法。

在隔行扫描成像的动态三维面形测量中，从等效波长、滤波窗口大小、投影系统和成像系统的非线性影响等方面分析了所采集的条纹图像的条纹方向选择对测量精度的影响。得出的结论是：一般来说，选择栅线与扫描线垂直的条纹图像的测量精度较高；当条纹空间频率较低时，选择栅线与扫描线垂直或平行的正弦条纹测量效果相当；当其空间频率较高时，采用栅线与扫描线垂直的正弦条纹测量效果较好。从而为测量系统的正弦光栅的设计提供了依据，形成了优化设计原则，并根据该原则利用单场条纹的 FTP 进行了实物实验验证。

第 5 章　基于隔行扫描成像的彩色条纹动态相位测量轮廓术

使用隔行扫描摄像机记录动态物体变形条纹，实现单场条纹的 FTP，巧妙地利用单场条纹的傅里叶频谱与对应帧条纹的傅里叶频谱的相位信息相同这一特点，无须进行去隔行处理，直接对单场条纹利用 FTP 重构了动态物体的三维面形。但 FTP 存在频域滤波行为，其测量精度受到一定的限制，因此 FTP 特别适用于重点关注不可复现瞬态信息提取的动态物体面形检测 [64-73]。

众所周知，PMP 是目前基于结构光投影的面形检测中测量精度较高的一种方法 [33-43]，可实现对被测物体表面变形条纹的各像素进行点对点的相位处理。但由于 PMP 需采集至少三帧相移的变形条纹，一般认为不易实现实时检测；在静态物体面形检测中广泛应用。利用彩色图像的 RGB（颜色系统）三通道将三个相位差为 $2\pi/3$ 的相移正弦光栅合成一帧彩色正弦光栅，只需投影该单帧光栅到运动物体上，就可从采集到的每一帧彩色变形条纹中分离出三帧变形条纹，实现三步相移，重构出物体的三维面形，从而使 PMP 适用于实时动态面形检测 [56,134-137]。

为了提高测量精度和提高时间分辨率，把隔行扫描彩色摄像机引入彩色条纹的 PMP 动态测量，结合傅里叶变换去隔行算法，本章提出了一种基于隔行扫描成像的彩色条纹动态相位测量轮廓术方法 [138-139]。设计的一帧在相邻通道间有 $2\pi/3$ 相移的彩色正弦光栅投影到动态物体上，利用隔行扫描彩色摄像机实时记录该物体一组序列彩色变形条纹，从每一帧彩色变形条纹分解出六个单场灰度变形条纹，利用傅里叶变换去隔行算法进行去隔行处理，重建六帧去隔行的灰度相移条纹，形成两组具有三步相移的去隔行帧条纹，采用 PMP 就可重建出不同时刻的动态面形。

5.1 彩色条纹实现三步相移

自从黄培森等提出利用彩色图像的 RGB 三通道实现三步相移，使 PMP 能够应用动态面形检测中 [56]，已有众多的学者对该方法进行了深入研究和应用拓展 [133-136]。

5.1.1 彩色条纹实现三步相移

利用彩色图像的 RGB 三通道将三个相移量分别为 0、$2\pi/3$、$4\pi/3$ 的正弦光栅编码成具有三步相移的一帧彩色正弦光栅，如式（5-1）所示：

$$I_s(x, y) = \begin{cases} I_{sr}(x, y) = a_s(x, y) + b_s(x, y)\cos(2\pi fx) \\ I_{sg}(x, y) = a_s(x, y) + b_s(x, y)\cos(2\pi fx + 2\pi/3) \\ I_{sb}(x, y) = a_s(x, y) + b_s(x, y)\cos(2\pi fx + 4\pi/3) \end{cases} (5-1)$$

其中，f、$a_s(x, y)$ 和 $b_s(x, y)$ 分别为设计的正弦光栅的空间基频、背景和对比度光强，下标 r、g、b 分别为 RGB 三通道的彩色分量。

通过彩色摄像机采集动态物体的一帧彩色变形条纹，$a(x, y)$ 和 $b(x, y)$ 分别为采集条纹的背景和对比度光强，$\varphi(x, y)$ 表示因物体表面高度变化所产生的调制相位。

$$I(x, y) = \begin{cases} I_r(x, y) = a(x, y) + b(x, y)\cos(\varphi(x, y)) \\ I_g(x, y) = a(x, y) + b(x, y)\cos(\varphi(x, y) + 2\pi/3) \\ I_b(x, y) = a(x, y) + b(x, y)\cos(\varphi(x, y) + 4\pi/3) \end{cases}$$

$$(5-2)$$

按照传统 PMP 方法，我们可以提取截断相位信息：

$$\varphi(x,\ y) = \arctan\left(\sqrt{3}\,\frac{I_b(x,\ y) - I_g(x,\ y)}{2I_r(x,\ y) - I_g(x,\ y) - I_b(x,\ y)}\right) \quad (5-3)$$

通过相位展开、高度映射等处理，就可重建动态物体对应某个时刻的三维面形。

只需投影该单帧光栅到运动物体上，就可从采集到的每一帧彩色变形条纹中分离出三帧变形条纹，实现三步相移，重构出物体的三维面形，从而使 PMP 适用于实时动态面形检测。

5.1.2　颜色校正

无论是彩色投影仪还是彩色摄像机，在设计上都是为了获得较好的视觉效果。这样一来，三个彩色通道之间就会存在颜色失衡和颜色串扰。

为避免光谱的颜色盲区，投影仪和摄像机通常设计成在颜色通道之间有一部分光谱重叠区域，导致颜色串扰。颜色串扰的程度取决于摄像机和投影仪所用滤波器的光谱响应。图 5-1 展示了 LCD 投影仪的 RGB 三基色波长的光学光谱响应曲线。可以明显看出，在相邻的颜色通道之间存在频谱重叠区域。

颜色不均衡是指在采集的图像中各个彩色通道间的强度差异。颜色不均衡可能是白平衡调整、投影仪和摄像机的光谱响应不匹配或各个通道的光谱滤波不均衡、衍射及光学镜头的色差等引起的。

三步相移算法在设计光栅时，三个通道的背景光强和调制度分别相同 [式（5-1）]，采集的图像也这样要求 [式

（5-2）]，否则按照传统的截断相位算法 [式（5-3）] 计算的相位误差很大，甚至是错误的。起初这种方法的测量精度比较低。在彩色条纹实现三步相移的 PMP 中，为了提高测量精度，必须进行颜色校正。

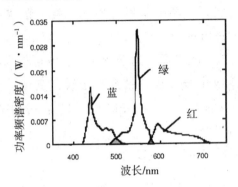

图 5-1　投影仪的光波光谱响应曲线

曹益平等人通过引入色度传递函数提出了一种色度自适应线性补偿新方法，对相位计算的数学模型进行归一化修正，用于 RGB 三原色快速相位测量[137,140-141]。

陈文静等通过对条纹的背景强度（取平均值）和对比度（求均方差）进行校正，使从三个通道分离的三帧灰度条纹对应点的背景强度和对比度分别近似相等[142]。

Pan 等提出了基于软件和硬件的颜色校正方法[143]。软件方法基于查表法进行补充。首先，利用构造的三个三维查找表建立来源颜色与测量颜色间的对应关系，将每一种基色（分别是 RBG 三基色）投影到参考平面放置的白色平板上。为减少建立时间，每个基色按照每步 10 个灰度级递增，记录的光强值分别存储在 RGB 查找表中。接着建立搜索算法：为从给定的测量颜色中寻找对应的来源颜色，实施所建查找表的反求过程。对给定测量颜色光强的像素点 P，在查找表

网格中定位一点 C，它的坐标位置最接近测量颜色，C 点作为搜索的初始点，为了发现最接近点 P 颜色的点，在三维网格中比较点 P 与点 C 及点 C 所有相邻点的颜色，比较测量的颜色与一个格点的颜色，通过定义一个颜色距离——P 点与 C 点 RGB 三通道测量颜色值差的平方和，找到最小颜色距离的点的来源。颜色强度被看作测量点 P 的颜色光强值。在搜索中，若最小颜色距离对应的值点不唯一，选择新的 C 点进行重复搜索，直到 C 点本身具有最小颜色距离，将测量颜色点 P 作为最接近颜色。由于创建的查找表步长为 10 个灰度级，需要通过线性插值来获得像素点 P 的来源颜色 [144]。

硬件方法主要根据投影光谱，设计摄像机滤光片的截止频率和通光孔径，使摄像机的滤光带宽根据投影仪的每一基色而改变，防止相邻颜色光谱的重叠。通过软硬件的颜色校正，可获得较好的颜色补偿效果，提高测量精度。

5.2　基于隔行扫描成像的彩色条纹动态相位测量轮廓术的原理

将计算机中设计生产的三个相位差为 $2\pi/3$ 的相移正弦光栅合成一帧彩色正弦光栅，当正弦光栅的栅线垂直于摄像机的扫描线时，利用彩色 LCD 投影仪投影到被测动态物体上。隔行扫描 3CCD 彩色摄像机实时记录动态物体的一段视频，对该视频解帧后，获得一组序列彩色变形条纹图像。其中，任何一帧彩色变形条纹 $g(x, y)$ 都是由先后相隔一个场周期时间（T_0）记录的奇场条纹 $g_o(x, y)$ 和偶场条纹 $g_e(x, y)$ 组成的。在单场条纹保持其对应的帧条纹空间幅面大小的前提下，$g(x, y)$ 可以表示为

$$g(x, y) = g_o(x, y) + g_e(x, y) \qquad (5\text{-}4)$$

　　每个单场条纹的隔行信息缺失：平行于摄像机扫描线方向的相邻两行中，其中一行含有物体的面形调制信息，是该摄像机正常采集的有效数据；另一行不含物体信息，光强值全部为 0。所以单场条纹的强度分布可看作摄像机传统上采用逐行扫描方式正常采集的一个帧变形条纹被一个周期为 2 piexl 的梳状函数空间抽样的结果[117-119]。奇场条纹 $g_o(x, y)$ [分量 $g_{or}(x, y)$、$g_{og}(x, y)$、$g_{ob}(x, y)$] 和偶场条纹 $g_e(x, y)$ [分量 $g_{er}(x, y)$、$g_{eg}(x, y)$、$g_{eb}(x, y)$] 分别用式（5-5）和式（5-6）表示：

$$g_o(x, y) = \begin{cases} g_{or}(x, y) = \left[a_{or}(x, y) + b_{or}(x, y)\cos(\varphi_o(x, y)) \right] \\ \qquad\qquad \cdot \left[\dfrac{1}{2}\mathrm{comb}\left(\dfrac{y}{2} \right) \right] \\ g_{og}(x, y) = \left[a_{og}(x, y) + b_{og}(x, y)\cos\left(\varphi_o(x, y) + \dfrac{2\pi}{3} \right) \right] \\ \qquad\qquad \cdot \left[\dfrac{1}{2}\mathrm{comb}\left(\dfrac{y}{2} \right) \right] \\ g_{ob}(x, y) = \left[a_{ob}(x, y) + b_{ob}(x, y)\cos\left(\varphi_o(x, y) + \dfrac{4\pi}{3} \right) \right] \\ \qquad\qquad \cdot \left[\dfrac{1}{2}\mathrm{comb}\left(\dfrac{y}{2} \right) \right] \end{cases}$$

（5-5）

$$g_e(x,\ y)=\begin{cases} g_{er}(x,\ y)=\left[a_{er}(x,\ y)+b_{er}(x,\ y)\cos(\varphi_e(x,\ y))\right] \\ \qquad\cdot\left[\dfrac{1}{2}\mathrm{comb}\left(\dfrac{y-1}{2}\right)\right] \\ g_{eg}(x,\ y)=\left[a_{eg}(x,\ y)+b_{eg}(x,\ y)\cos\left(\varphi_e(x,\ y)+\dfrac{2\pi}{3}\right)\right] \\ \qquad\cdot\left[\dfrac{1}{2}\mathrm{comb}\left(\dfrac{y-1}{2}\right)\right] \\ g_{eb}(x,\ y)=\left[a_{eb}(x,\ y)+b_{eb}(x,\ y)\cos\left(\varphi_e(x,\ y)+\dfrac{4\pi}{3}\right)\right] \\ \qquad\cdot\left[\dfrac{1}{2}\mathrm{comb}\left(\dfrac{y-1}{2}\right)\right] \end{cases}$$

$$（5-6）$$

其中，下标 o 和 e 分别为奇场和偶场，comb（y）表示像素坐标系中 y 方向上的梳状函数。在每一分量表达式中，前后两个中括号内的部分分别表示正常采集的帧灰度变形条纹和周期为 2 piex1 的梳状调制函数。

每场彩色条纹三个通道的灰度条纹背景光强不相同，对比度光强也不相同。对每个单场灰度条纹的背景和对比度光强用 Pan 等 [141] 提出的查表法进行颜色校正，使得在单场条纹同一位置上 RGB 通道三个条纹的背景光强近似相同，对比度光强也近似相同。校正后的奇场条纹 $g_o^c(x,\ y)$ [分量 $g_{or}^c(x,\ y)$ $g_{og}^c(x,\ y)$ $g_{ob}^c(x,\ y)$] 和偶场条纹 $g_e^c(x,\ y)$ [分量 $g_{er}^c(x,\ y)$ $g_{eg}^c(x,\ y)$ $g_{eb}^c(x,\ y)$] 分别用式（5-7）和式（5-8）表示：

$$g_o^c(x, y) = \begin{cases} g_{or}^c(x, y) = \left[a_o(x, y) + b_o(x, y)\cos\left(\varphi_o(x, y)\right)\right] \\ \qquad \cdot \left[\dfrac{1}{2}\mathrm{comb}\left(\dfrac{y}{2}\right)\right] \\ g_{og}^c(x, y) = \left[a_o(x, y) + b_o(x, y)\cos\left(\varphi_o(x, y) + \dfrac{2\pi}{3}\right)\right] \\ \qquad \cdot \left[\dfrac{1}{2}\mathrm{comb}\left(\dfrac{y}{2}\right)\right] \\ g_{ob}^c(x, y) = \left[a_o(x, y) + b_o(x, y)\cos\left(\varphi_o(x, y) + \dfrac{4\pi}{3}\right)\right] \\ \qquad \cdot \left[\dfrac{1}{2}\mathrm{comb}\left(\dfrac{y}{2}\right)\right] \end{cases}$$

$$\text{（5-7）}$$

$$g_e^c(x, y) = \begin{cases} g_{er}^c(x, y) = \left[a_e(x, y) + b_e(x, y)\cos\left(\varphi_e(x, y)\right)\right] \\ \qquad \cdot \left[\dfrac{1}{2}\mathrm{comb}\left(\dfrac{y-1}{2}\right)\right] \\ g_{eg}^c(x, y) = \left[a_e(x, y) + b_e(x, y)\cos\left(\varphi_e(x, y) + \dfrac{2\pi}{3}\right)\right] \\ \qquad \cdot \left[\dfrac{1}{2}\mathrm{comb}\left(\dfrac{y-1}{2}\right)\right] \\ g_{eb}^c(x, y) = \left[a_e(x, y) + b_e(x, y)\cos\left(\varphi_e(x, y) + \dfrac{4\pi}{3}\right)\right] \\ \qquad \cdot \left[\dfrac{1}{2}\mathrm{comb}\left(\dfrac{y-1}{2}\right)\right] \end{cases}$$

$$\text{（5-8）}$$

在校正后的单场彩色条纹的每个通道的单场灰度条纹的表达式中，前一个中括号内的部分表示经过校正后的帧变形条纹，也就是传统三步相移 PMP 理想情况下的变形条纹。如果能够从单场灰度条纹中提取这样的帧条纹，根据三步相移 PMP 就可重构物体某个时刻的三维面形。

以从校正后的奇场彩色条纹 R 通道中分离出的单场灰度条纹

$g_{\text{or}}^{\text{c}}(x, y)$ 的傅里叶变换去隔行处理为例进行分析。为便于说明，假设该隔行扫描采用奇场优先的方式，设奇场采集的时刻为 t_1，则偶场采集的时刻为 t_2，则 $t_2=t_1+T_0$。设 t_1 时刻校正后的帧彩色变形条纹分别为 $g_{t_1}(x, y)$（三个通道的分量），则奇场 R 通道分离出的奇场对应的校正帧灰度变形条纹 $g_{t1r}(x, y)=a_{\text{o}}(x, y)$ $+b_{\text{o}}(x, y)\cos(\varphi_{\text{o}}(x, y))$，对应的梳状调制函数设为 $u_{\text{o}}(x, y)$，则 $u_{\text{o}}(x, y)=(1/2)\,\text{comb}(y/2)$，$g_{\text{or}}^{\text{c}}(x, y)=g_{t1r}(x, y)\cdot$ $u_{\text{o}}(x, y)$。对 $g_{\text{or}}^{\text{c}}(x, y)$ 进行二维快速傅里叶变换，将 $g_{\text{or}}^{\text{c}}(x, y)$、$u_{\text{o}}(x, y)$ 和 $g_{t1r}(x, y)$ 的傅里叶变换频谱分别记为 $G_{\text{or}}^{\text{c}}(f_x, f_y)$、$U_{\text{o}}(f_x, f_y)$ 和 $G_{t1r}(f_x, f_y)$，则有

$$G_{t1r}(f_x, f_y)=\text{FFT}\{g_{t1r}(x, y)\} \tag{5-9}$$

$$U_{\text{o}}(f_x, f_y)=\text{FFT}\{u_{\text{o}}(x, y)\}=\frac{1}{2}\sum_{k=-\infty}^{\infty}\left[\delta\left(f_x, f_y-\frac{k}{2}\right)\right] \tag{5-10}$$

$$
\begin{aligned}
G_{\text{or}}^{\text{c}}(f_x, f_y)&=\text{FFT}\{g_{\text{or}}(x, y)\}\\
&=G_{t1r}(f_x, f_y)*U_{\text{o}}(f_x, f_y)\\
&=\frac{1}{2}G_{t1r}(f_x, f_y)+\frac{1}{2}\left[G_{t1r}\left(f_x, f_y-\frac{1}{2}\right)+G_{t1r}\left(f_x, f_y+\frac{1}{2}\right)\right]\\
&\quad+\frac{1}{2}\sum_{n=2}^{\infty}\left[G_{t1r}\left(f_x, f_y-\frac{n}{2}\right)+G_{t1r}\left(f_x, f_y+\frac{n}{2}\right)\right]
\end{aligned}
$$

$$\tag{5-11}$$

其中，k 为整数；$*$ 为卷积运算；n 为不小于 2 的自然数。

由式（5-9）～式（5-11）可知，$G_{\text{or}}^{\text{c}}(f_x, f_y)$ 是 $G_{t1r}(f_x, f_y)$ 与不同位置的 δ 函数进行卷积运算，结果是把 $G_{t1r}(f_x, f_y)$ 复制到该脉冲所在频谱空间不同位置，并且乘以该脉冲幅值的1/2。由频谱频率与图像大小的关系可知[117-119]，在 $G_{\text{or}}^{\text{c}}(f_x, f_y)$ 频谱面上只有（5-11）式第一项和第二项；

第二项中的所有频谱都不完整，而且这些频谱的中心位置分别分布在频谱面的首行和最后一行上。式（5-11）第一项中的频谱中心都在频谱图上的中间行，各个频谱能完整呈现，与（5-9）式相比，仅仅是幅值不同，前者为后者的1/2倍；要恢复奇场对应的帧变形条纹，仅需滤出频谱中心分布在频谱面中间部分的所有频谱，即滤出式（5-11）的第一项中的所有频谱，再对滤出的频谱乘2，逆傅里叶变换（FFT^{-1}）到空域得 $g_{t1r}^{d}(x, y)$，设 D 表示傅里叶变换去隔行算子，则

$$
\begin{aligned}
g_{t1r}^{d}(x, y) &= D\{g_{or}^{c}(x, y)\} = D\{g_{t1r}(x, y)u_o(x, y)\} \\
&= \text{FFT}^{-1}\left\{2 \times \left[\frac{1}{2}G_{t1r}(f_x, f_y)\right]\right\} = g_{t1r}(x, y)
\end{aligned}
\tag{5-12}
$$

从理论上讲，不考虑频谱泄露等因素的影响，经过傅里叶变换去隔行算法处理后，获得的去隔行条纹与该记录该单场对应的校正帧条纹相同。同理，对奇场中的其他单场灰度条纹进行傅里叶变换去隔行处理，获得 t_1 时刻的去隔行帧彩色变形条纹 $g_{t1}^{d}(x, y)$，即

$$
g_{t_1}^{d}(x, y) = \left.\begin{cases}
g_{t1r}^{d}(x, y) = g_{t1r}(x, y) \\
g_{t1g}^{d}(x, y) = g_{t1g}(x, y) \\
g_{t1b}^{d}(x, y) = g_{t1b}(x, y)
\end{cases}\right\} = g_{t_1}(x, y) \tag{5-13}
$$

去隔行的帧彩色变形条纹与该单场对应的校正帧彩色变形条纹相同。其相位分布函数为

$$
\varphi_{t_1}^{d}(x, y) = \arctan\left(\sqrt{3}\,\frac{g_{t1b}(x, y) - g_{t1g}(x, y)}{2g_{t1r}(x, y) - g_{t1g}(x, y) - g_{t1b}(x, y)}\right)
$$

$$
\tag{5-14}
$$

可得，去隔行帧彩色变形条纹的相位分布函数与该单场对应

的校正帧彩色变形条纹的相位分布相同。对提取的截断相位进行相位展开、高度映射等一系列处理，就可获得被测物体在 t_1 时刻的三维面形信息，这个面形与该奇场对应的校正帧彩色变形条纹重建的面形相同。

同理，对偶场校正后的条纹进行傅里叶变换去隔行处理，获得偶场去隔行条纹 $g_{t_2}^{\mathrm{d}}(x, y)$：

$$g_{t_2}^{\mathrm{d}}(x, y) = \begin{cases} g_{t2\mathrm{r}}^{\mathrm{d}}(x, y) = g_{t2\mathrm{r}}(x, y) \\ g_{t2\mathrm{g}}^{\mathrm{d}}(x, y) = g_{t2\mathrm{g}}(x, y) \\ g_{t2\mathrm{b}}^{\mathrm{d}}(x, y) = g_{t2\mathrm{b}}(x, y) \end{cases} = g_{t_2}(x, y) \quad (5\text{–}15)$$

偶场去隔行的帧彩色变形条纹与该单场对应的 t_2 时刻的校正帧彩色变形条纹相同。其相位分布函数为

$$\varphi_{t_2}^{\mathrm{d}}(x, y) = \arctan\left(\sqrt{3}\, \frac{g_{t2\mathrm{b}}(x, y) - g_{t2\mathrm{g}}(x, y)}{2g_{t2\mathrm{r}}(x, y) - g_{t2\mathrm{g}}(x, y) - g_{t2\mathrm{b}}(x, y)} \right)$$

$$(5\text{–}16)$$

利用三步相移 PMP，重建 t_2 时刻的三维面形信息，该面形与这一偶场对应的校正帧条纹重建的三维面形相同。

这样一帧彩色变形条纹可以重构出两组具备三步相移的去隔行帧变形条纹，使用 PMP 可实现动态物体不同时刻的三维面形检测，并且去隔行帧变形条纹重建的面形与对应的校正帧变形条纹重建的面形相同，测量精度也相同，所以去隔行帧彩色变形条纹重建的面形保持了传统相位测量轮廓术的测量精度。

当正弦光栅栅线平行于 CCD 扫描线时，只要不存在频谱混叠问题 [35-43,126-128]，同样可以得出相同的结论。

5.3　计算机模拟

为了分析该方法的可行性，对一个静态物体的三维面形测量进行了计算机模拟。在实验测试系统中，参考平面与成像系统的入瞳距离设为 3 000 mm，成像系统的入瞳与投影系统的出瞳水平距离为 300 mm，正弦条纹的空间基频为 1/（8 pixel），其光栅栅线平行于摄像机的扫描线。模拟物体（高度范围为 0 ～ 7.8 mm）如图 5-2（a）所示，上述具有三步相移的彩色正弦光栅投射到该物体上，一帧变形彩色条纹（大小为 256×256 pixels）被隔行扫描彩色摄像机采集，如图 5-2（b）所示。从该彩色条纹 R 通道分离出的灰度条纹如图 5-3（a）所示，把它分成两个单场，偶场条纹如图 5-3（b）所示，其清晰度与图 5-3（a）相比明显下降。

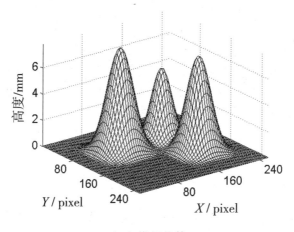

（a）模拟物体

图 5-2　物体和它的彩色变形条纹

（b）彩色变形条纹

图 5-2　物体和它的彩色变形条纹（续）

（a）帧条纹　　　　　　　（b）偶场条纹

图 5-3　帧灰度条纹和它的单场条纹

　　从偶场条纹的频谱中滤出所需频谱，帧条纹和它的偶场条纹经过傅里叶变换后的频谱分别如图 5-4（a）和图 5-4（b）所示，频谱分布与第 2、4 章的相关具体理论分析相一致。相比帧条纹的频谱图 5-4（a），在单场条纹的频谱图 5-4（b）中相同位置的频谱（在虚线内的三个频谱）通过二维滤波器滤出、乘 2、逆傅里叶变换，获得去隔行条纹，如图 5-5（a）所示。可以看出，缺失的奇行信息获得恢复，条纹的清晰度明显提高。

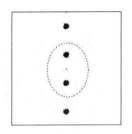

（a）帧条纹的频谱　　　　　（b）偶场条纹的频谱

图 5-4　帧条纹及其单场条纹的频谱

（a）去隔行条纹

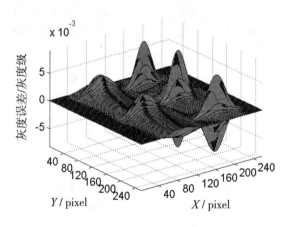

（b）误差

图 5-5　去隔行条纹及其误差

使用便携式电脑（Intel 酷睿双核 CPU，2 GHz 主频和 2.0 GB 内存），单场灰度条纹的去隔行处理所消耗的时间为 0.012 s。去隔行条纹与原来的帧条纹 [图 5-3（a）] 相比，去隔行误差分布如图 5-5（b）所示，大多数误差非常小，计算的最大灰度误差为 0.009 灰度级，标准差为 0.000 5 个灰度级。这里是用 8 bit 灰度值（0 ～ 255 的整数表示）描述灰度图像的光强，而摄像机能够量化的最小灰度级为 1 个灰度级。也就是说，实际的数字摄像机灰度测量精度为 1 个灰度级。但在模拟中，条纹的强度通常被转换为双精度类型，可能出现小数。当 1 个灰度级被细分时，尽管细分的灰阶没有实际的物理意义，但测量的精度可以在理论上获得合理的分析。去隔行条纹的最大误差远远小于 1 个灰度级，摄像机不能区分如此小的差别，所以在实际测量中，这个差别是完全可以忽略的。从误差分析可以得出，单场的去隔行条纹与单场对应的帧条纹相当，与理论分析相符合。

同理，对从 G 和 B 通道分离出的偶场灰度条纹进行傅里叶变换去隔行处理，获得两帧去隔行灰度条纹，从而获得偶场彩色条纹的去隔行彩色条纹，如图 5-6 所示。

图 5-6　去隔行彩色条纹

原始帧彩色条纹 [图 5-2（a）] 和去隔行帧彩色条纹（图 5-6）分别利用三步相移 PMP 方法重建物体的三维面形，与模拟物体相比较，最大绝对误差（MAXE）和标准差（SD）如表 5-1 所示。

表 5-1　重建面形的误差

W	原始帧彩色条纹重建面形	去隔行帧彩色条纹重建面形
MAXE /mm	0.020	0.020
SD /mm	0.001 7	0.001 7

表 5-1 数据显示，从保留两位有效数字的角度看，原始帧彩色条纹和其偶场的去隔行帧彩色条纹重建的三维面形从两个方面比较的误差分别相同；系统的测量精度为 0.02 mm。这两个重建的三维面形之间的差别很小（图 5-7）。计算的最大差别为 0.000 86 mm，远远小于该测量系统的精度，这个差别完全可以忽略不计。所以偶场的去隔行彩色条纹重建的三维面形保持了与其对应的帧彩色条纹重建的三维面形的测量精度。

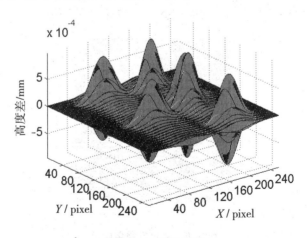

图 5-7　面形差别

相似地，对奇场条纹进行傅里叶变换去隔行处理，获得相同的结论。在系统的测量精度一定的条件下，奇场和偶场条纹的去隔行条纹相同，两个去隔行彩色条纹重建面形相同，也与原始帧彩色条纹重建的面形相同。

5.4　动态物体三维面形测量的实验与分析

为验证所提方法的有效性，开展了对运动物体三维面形的实际测量与分析。实验装置如图 5-8（a）所示，一近似圆柱体做成单摆作为被测运动物体，投影仪为空间分辨率 1024×768 pixels 的 3LCD 索尼 VPL–EX250，摄像机是 3CCD 的索尼 HVR–Z1C，选用隔行扫描方式、标清模式（帧频为 25 f/s，空间分辨率为 720×576 pixels）。

（a）实验装置　　　　（b）被测物体

图 5-8　实验系统图及被测物体

先讨论该测量系统摄像机拍摄清晰图像时对物体运动速度的限制。由于运动物体在水平方向上运动比较剧烈，这里只讨论对水平方向上的物体运动速度的限制。该摄像机的快门速度为 1/3 ～ 1/100 000 s，这里设置为 1/5 000 s，适当调节光圈和增益，根据摄像机针孔模型按照 Li 的方法进行简单标定[55]，计算出被测物体在水平方向上的最大速度为 1.2 m/s。在摄像机的有效视场内，被测物体在竖直方向上被提升 20 mm，考虑到空气阻力的影响，运动到最低点，水平速度小于理想的最大速度 0.63 m/s。水平方向上物体的最大速度远小于所允许的最大速度，故实验中所有单场条纹都是该摄像机正常曝光的记录结果。

为补偿颜色串扰和亮度不均衡，采用 Pan 提出的查表法进行颜色校正。一系列每种基色投影到参考平面放置的白色平板上，利用上述隔行扫描摄像机记录，每个基色按照每步 5 个灰度级递增，记录的光强值分别存储在 R、G、B 查找表中。

在光栅栅线垂直于摄像机扫描线时，相邻颜色通道条纹的初始相位差为 $2\pi/3$ 的一帧彩色正弦光栅，投影到被测运动物体上，隔行扫描摄像机实时采集一段彩色变形条纹的视频，利用非线性编辑软件解帧成序列图像，从中选取连续的两帧并截成大小为 400×320 pixels 帧的彩色变形条纹，如图 5-9 所示，两个状态分别用状态 1（S1）、状态 2（S2）区分，被测物体边缘存在锯齿化、错位和模糊等问题。

（a）状态 1（S1）　　　　　　　（b）状态 2（S2）

图 5-9　彩色变形条纹

　　分别对两帧彩色变形条纹按照前面建立的三个三维查找表进行查找校正，取出图 5-9（a）第 360 行第 150 ～ 190 列的三通道颜色校正前后对比（图 5-10），可以看出校正后三个通道的条纹正弦性都较好、背景光强和调制度也基本相等。

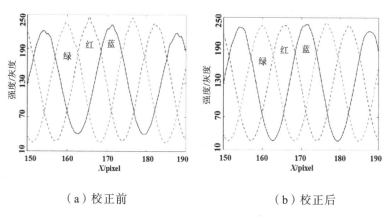

　　　　　　（a）校正前　　　　　　　　　　（b）校正后

图 5-10　三通道条纹校正前后对比

　　经过颜色补偿的两帧彩色变形条纹分别分成奇场和偶场条纹，如图 5-11 所示。图 5-11（a）和图 5-11（b）来源于状态 1 颜色补偿后的［图 5-9（a）］的偶场和奇场，图 5-11（c）和图 5-11（d）来源于状态 2 颜色补偿后的［图 5-9（b）］的偶场和奇场。可以看出单场条纹的整体亮度明显下降。

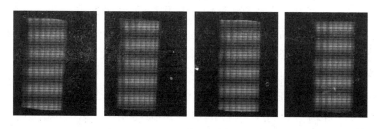

（a）在 S1 的偶场（b）在 S1 的奇场（c）在 S2 的偶场（d）在 S2 的奇场

图 5-11　颜色补偿后单场彩色条纹

在状态 1 经过颜色补偿后的偶场条纹 [即图 5-11（a）]
的傅里叶频谱如图 5-12（a）所示，频谱分布与理论分析相符，
在频谱面接近中间行的三个频谱完整，是需要滤出的有用频
谱。根据各个频谱分布间的位置关系，滤波窗大小和位置如
图 5-12（b）所示，图 5-12（c）是图 5-12（b）沿线 AB
滤波的剖面图，三个频谱单元通过汉宁窗函数被完整滤出，
滤波效果好。通过上述操作，所需频谱被有效滤出。

 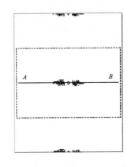 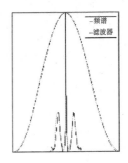

（a）单场频谱　　（b）滤波窗大小和位置　　（c）一行上滤波

图 5-12　单场频谱及其滤波

去隔行条纹中有关被测物体的边缘部分会受到傅里叶变
换的影响，但这种影响可通过以下几个途径有效减小：第一，
被测物体的范围完全控制在摄像机有效视场的中心附近（图
5-9），这样频谱泄露的影响几乎排除在物体边缘之外了[145]。
第二，为了抑制频谱泄露，选择了汉宁窗函数，它具有很好
的滤波效果，采用光栅栅线与摄像机扫描线平行时，频谱混
叠可能性小，根据频谱位置设置较大滤波窗口范围，因此，
有用的频谱尽可能获得滤出。第三，采用的每一个去隔行都
由原来单场条纹和新生成的另一场条纹组成，所以傅里叶变
换的影响仅存在于新产生的单场条纹中。另外，通过相移算
法获得截断相位后，为获得被测物体较好的边缘范围，用变

形条纹的调制度来建立二值化的模板，利用调制度排序法展开相位[45-48]，相位展开的起点为较高调制度的像素点（二值化模板上的对应点），这样也可有效提高相位展开的精度。

从单场彩色条纹（图5-11）三通道中分离的每一个单场灰度条纹经傅里叶变换去隔行算法处理，所消耗时间约为 0.015 s，获得去隔行的彩色条纹，如图5-13所示，消除了原始条纹中的锯齿化、错位和模糊等问题，图像质量明显提高。

（a）在 S1 的偶场（b）在 S1 的奇场（c）在 S2 的偶场（d）在 S2 的奇场

图 5-13　去隔行的彩色条纹

按照三步相移 PMP 对图5-13中的单场去隔行条纹分别进行截断相位计算、相位展开，获得该物体不同时刻运动姿态的相位分布，如图5-14所示，相位都无突变和断裂；重建物体面形的轮廓大体相同，与被测物体表面的形状相吻合。然而，从图5-14（a）到图5-14（d），重建面形的空间位置发生了变化，在 X 轴方向上依次有明显的位置移动，这与物体做类似单摆运动时不同时刻的运动姿态不同相符合。结果表明，使用去隔行彩色条纹很好地重建了物体的三维面形，通过两帧彩色变形条纹重建四个物体不同状态的三维面形。所以，该方法可以用到动态面形的测量中。

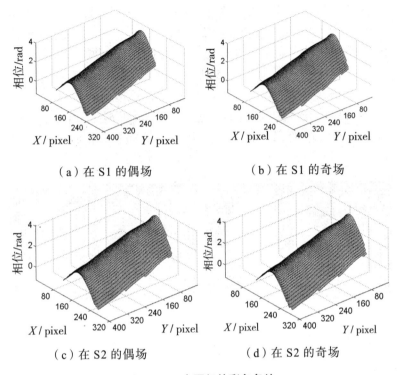

（a）在 S1 的偶场　　　　　　　　（b）在 S1 的奇场

（c）在 S2 的偶场　　　　　　　　（d）在 S2 的奇场

图 5-14　去隔行的彩色条纹

　　为了探讨这四个重建三维面形一个场周期内在水平方向上的移动情况，比较它们的第 200 行，如图 5-15 所示。ES1、OS1、ES2 和 OS2 分别代表在图 5-14（a）、图 5-14（b）、图 5-14（c）和图 5-14（d）中的三维面形。利用每一帧彩色变形条纹中的奇场和偶场去隔行帧条纹重构的两个三维面形，位置明显不同说明了每一帧条纹中的奇场和偶场记录运动物体的位置不同；偶场去隔行条纹重构面形先于奇场去隔行条纹重构面形，说明该摄像机在标清模式下为偶场优先的隔行扫描方式。在一个场周期时间内，物体在 X 轴方向上的运动距离不小于 10 个像素，而且位移越来越大，水平速度也越来越大。

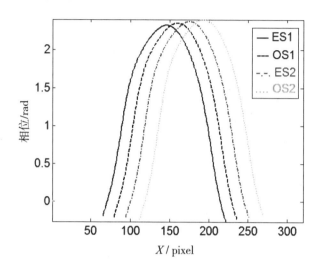

图 5-15 重建面形第 200 行的比较

5.5 本章小结

本章介绍了彩色条纹实现三步相移 PMP 动态面形测量方法，分析了颜色串扰和不平衡的原因，简述了颜色校正的研究进展。

提出了一种基于隔行扫描成像的彩色条纹动态 PMP 测量方法，实现了运动物体的三维面形检测。理论上分析了该方法具有传统 PMP 的测量精度，并且提高了时间分辨率。实验结果展示了该方法可以有效应用到动态面形的测量中。

第 6 章　基于单帧变形条纹的物体三维运动矢量测量

三维空间上运动矢量（位移、速度、加速度等）的光学测量方法一直是精密测试与计量领域的一个重要研究方向，同时被广泛应用到工业检测、自动化加工和车辆工程等诸多领域。运动矢量测量中，被测物体在测试过程中不能变形，应为刚体或类刚体。方法如摄影测量法[15-19]、飞行时间法[25-28]、条纹投影法[64-75,80-86]等。目前，摄影测量法测量精度较高，飞行时间法测量精度低且空间分辨率低，条纹投影法测量精度高。测量一个三维运动矢量，传统上采用摄像机的逐行扫描方式采集图像，测量一个三维运动矢量，双目摄影测量法需要4帧图像；飞行时间法需要2帧3D图像；条纹投影法需要1帧参考条纹和2帧变形条纹。所以，测量一个位移通常需要两帧或两帧以上的图像，测量一个速度要记录一个时间间隔。基于面结构光投影的三维运动矢量测量方法以其测量速度快、精度高等优点获得广泛应用。通常该类方法使用逐行扫描摄像机成像来测量一个三维运动矢量，需要两帧不同时刻的变形条纹。

使用摄像机记录运动物体的图像，因奇偶两场图像不在同一时刻采集，使得每一帧图像中包含两个时刻的物体运动状态三维信息[117-119]，为此，提出了一种基于单帧变形条纹图像测量运动物体三维运动矢量（位移和速度）的方法：隔行扫描摄像机采集运动物体的一帧变形条纹，分成奇场和偶场两个单场条纹，利用这一特征：在单场条纹与其对应帧条纹的傅里叶频谱中，相对应的基频相位信息相同；通过FTP就可重建相隔一个场周期时间的两个不同的三维面形信息。提取每个单场条纹的调制度，通过阈值分割方法获取二值化模板，定位灰度质心，获得重建三维面形上具有亚像素精度匹配点的像素坐标；对重建面形进行插值，获取空间上对应的高度值；对摄像机进行标定，把像素坐标转换成空间坐标，获得物体同一点在两个重建三维面形上匹配点的三维空间坐标，进而计算该物体在一个场周期时间内的三维位移和三维平均速度。

6.1　图像分割方法简介

图像分割是图像分析、识别与理解的基础和前提，分割质量好坏很大程度上决定了图像处理的效果。尽管目前已有上千种分割算法，还有新算法不断出现，但仍无一通用方法适用于所有图像分割任务。图像分割方法按照对先验知识的使用情况可分为数据驱动和模型驱动两大类[146]。

6.1.1　数据驱动的图像分割

基于数据驱动的分割方法出现得最早，主要基于低层的图像边缘、灰度等信息；直接对图像数据如灰度、颜色或边缘特性等进行处理，使用底层的先验知识但是并不依赖于先验知识，主要包括阈值分割法、聚类分割法、边缘检测法、区域生长与分裂法等。

1. 阈值分割法

阈值分割法是通过图像灰度级找到一个合理的阈值，以区分图像的背景和目标。阈值分为全局阈值和局部阈值，阈值的正确选择是分割成功的关键，多数方法是根据直方图的形状进行分析的。常用方法有最大类间方差法、最大熵法、迭代法、松弛法和 P 参数法等。

最大类间方差法（又称大津法、最小类内方差法等）是经典的全局阈值分割算法，由 Otsu 于 1979 年提出[147]，选取阈值把图像分为背景与目标两部分，最佳分割阈值通过计算类间方差的最大值获取，分割后的图像类间方差最大。该方法已从一维算法拓展到二维、三维算法 [148]。

阈值分割法以其计算代价小、不需要先验知识、速度快等优点，应用广泛。

2. 聚类分割法

聚类分割法将分割问题当作图像像素集的分类处理：将特征空间中的点按一定的要求和规律分类，把分类结果映射到图像空间，获得单独的区域。聚类分割法属于不必训练样本的无监督统计法，可直接分类，易于实行；但需设置分类数，其分类结果受初始参数影响大。常用分类方法有 K-means、Fuzzy C-means 等。

3. 边缘检测法

边缘检测法利用图像边缘有关信息，通过 Canny、Roberts、Sobel、Laplacian 等边缘检测算子寻找图像边缘，在图像色彩、灰度、纹理等不连续的位置标示边缘，并按边缘跟踪、边缘松弛法等策略连接成轮廓，进而形成分割区域。近年来，神经网络、模糊逻辑、遗传算法等计算方法被引入边缘检测法邻域 [149]。相邻区域有较显著差别时该类方法的分割效果较好，但其抗噪性能较差。

4. 区域生长与分裂法

该类方法属于串行区域分割法，需要较多存储空间和较大运算量；基于灰度、纹理、色彩、形状、模型（使用语义信息）等，将图像划分为具有最大一致性的分区 [150]，包括区域的合并、分裂、生长、分裂合并等方法。

6.1.2　模型驱动的图像分割

模型驱动分割法是在图像的特定数学模型下进行分割的。

模型的选取隐含了对图像先验知识的要求，有些模型利用了如前景物体的位置、轮廓特征、拓扑结构等方面的高层的先验知识。其主要包括 Markov 随机场模型法、图论模型法、形态学分割法、活动轮廓模型法等。

6.2　亚像素定位技术

像素作为图像上的最小单元，原则上是不可分割的，所以图像一般定位算法的精度为像素级，定位误差一般不小于 0.5 个像素。但图像像素是摄像机感光面上成像单元的反映，成像单元有一定的空间尺寸，它反映物面的对应空间大小。从空间定位的角度看，对图像进行亚像素定位细分有实际意义，目前亚像素定位的精度最高可达 0.01 个像素。实现亚像素定位的条件是：目标由具有一定的灰度和几何特征分布的多个像素组成，其定位的基点位置须明确 [151]。

亚像素精度定位最初由 Hueckel 采用拟合参数方程法实现 [152]，随后，Tabatabai 等采用灰度矩获得亚像素级的定位边缘 [153]；Huertas 等构造了一种亚像素检测算子 [154]；Lyvers 等构造了空间矩算子 [155]；Ghosal 等采用 Zernike 矩算子进行亚像素定位 [156]；Kisworo 等采用局部能量法实现亚像素定位 [157]；Jensen 等通过非线性插值获得亚像素定位 [158]。亚像素精度定位方法根据数学模型可分为拟合法、矩方法和插值法。

6.2.1　拟合法

图像上目标特性（如阴影模式的噪声、测量物体及图像的灰度分布等）满足假定或已知的函数表示方可使用拟合法。对数字图像中目标坐标或灰度实施拟合，获得目标的连续表示，确定描绘物体的基本参数（包括尺寸、位置、形状等），实现目标的亚像素定位。常用的拟合法有 B 样条拟合、切比雪夫多项式拟合、最小二乘法直线回归拟合、高斯曲线或曲面拟合等。

6.2.2　矩方法

矩等价于原函数在新坐标系中的展开，也就是说，一个分段有界函数可用其矩族表示。空间矩法和 Zernike 矩法是常用的矩方法。空间矩法利用假定图像的边缘分布与理想阶跃模型的灰度矩保持一致来确定边缘位置。理论上定位精度可达 0.05 个像素，但需利用原图像和六个模板实施卷积，运算量较大，速度慢。Zernike 矩为正交矩，仅需利用三个模板和原图像实施卷积，运算量较小，速度较快。

将矩方法应用于图像目标的亚像素精度定位中：图像 $I(i, j)$ 中，其目标区域 S 的 p 阶灰度矩和 $p+q$ 阶原点距分别定义为

$$\begin{cases} \bar{m}_p = \dfrac{1}{n} \sum_{(i,j) \in S} I^p(i, j) \\ m_{pq} = \sum_{(i,j) \in S} i^p j^q f(i, j) \end{cases} \quad (6\text{-}1)$$

其中，n 为目标区域 S 中的像素值。

质心定位法是最常用的亚像素定位方法，它一般可分为二值图像质心法、灰度加权质心法和灰度平方加权质心法 [159-160]。

1. 二值图像质心法

二值图像 $I(i, j)$ 中的目标 S 的质心 (x_c, y_c) 为

$$\begin{cases} i_{c} = \dfrac{m_{10}}{m_{00}} = \dfrac{\displaystyle\sum_{(i,\ j)\in S} iI(i,\ j)}{\displaystyle\sum_{(i,\ j)\in S} I(i,\ j)} = \dfrac{\displaystyle\sum_{(i,\ j)\in S} i}{N} \\[4mm] j_{c} = \dfrac{m_{01}}{m_{00}} = \dfrac{\displaystyle\sum_{(i,\ j)\in S} jI(i,\ j)}{\displaystyle\sum_{(i,\ j)\in S} I(i,\ j)} = \dfrac{\displaystyle\sum_{(i,\ j)\in S} i}{N} \end{cases} \quad (6\text{-}2)$$

2. 灰度加权质心法

灰度加权质心法可看作以灰度为权重因子的加权形心法。灰度图像 $I(i,\ j)$ 中目标 S 的灰度质心（x_{c}，y_{c}）为

$$\begin{cases} i_{c} = \dfrac{m_{10}}{m_{00}} = \dfrac{\displaystyle\sum_{(i,\ j)\in S} iW(i,\ j)}{\displaystyle\sum_{(i,\ j)\in S} W(i,\ j)} \\[4mm] j_{c} = \dfrac{m_{01}}{m_{00}} = \dfrac{\displaystyle\sum_{(i,\ j)\in S} jW(i,\ j)}{\displaystyle\sum_{(i,\ j)\in S} W(i,\ j)} \end{cases} \quad (6\text{-}3)$$

其中，$W(i,\ j)$ 为权值。

3. 灰度平方加权质心法

将式（6-3）的灰度权值用其平方代替，形成灰度平方加权质心法的计算公式。该方法提升了图像中灰度值较大的像素点在质心定位计算中的权重，从而减小了相应噪声的影响。一般来说，其比灰度重心法的定位精度更好。

6.2.3　插值法

插值法是按照图像特性采用插值函数来近似还原目标过渡区域的连续函数，再根据亚像素定位方法，精确计算目标

位置。其主要有多项式插值法、三次样条函数插值法和双三次插值法（图6-1）等。

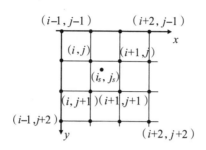

图6-1 双三次插值算法

本节是采用插值效果较好的双三次插值法[161-162]，设任意插值点（i_s, j_s），与其相邻的16个已知灰度值的像素点进行插值运算，获得其灰度或高度等第三维的值 I（i_s, j_s）。设 i=int（i_s），j=int（j_s），若 i、j 不超过 i_s、j_s 的最大整数值，int（）表示取整运算，则 I（i_s, j_s）为

$$I(i_s, j_s) = \begin{bmatrix} c_0(i_s) & c_1(i_s) & c_2(i_s) & c_3(i_s) \end{bmatrix} \boldsymbol{C} \begin{bmatrix} c_0(j_s) & c_1(j_s) & c_2(j_s) & c_3(j_s) \end{bmatrix}^{\mathrm{T}}$$

（6-4）

其中，$c_0(i_s) = \dfrac{1 - 3i_s + 3i_s^2 - i_s^3}{6}$；$c_1(i_s) = \dfrac{4 - 6i_s^2 + 3i_s^3}{6}$；$c_2(i_s) = \dfrac{4 - 3i_s + 3i_s^2 - 3i_s^3}{6}$；$c_3(i_s) = \dfrac{i_s^3}{6}$；

$$\boldsymbol{C} = \begin{bmatrix} I(i-1, j-1) & I(i-1, j) & I(i-1, j+1) & I(i-1, j+2) \\ I(i, j-1) & I(i, j) & I(i, j+1) & I(i, j+2) \\ I(i+1, j-1) & I(i+1, j) & I(i+1, j+1) & I(i+1, j+2) \\ I(i+2, j-1) & I(i+2, j) & I(i+2, j+1) & I(i+2, j+2) \end{bmatrix}$$

亚像素定位方法都有各自的适用范围，其关键是提高算法的速度、精度及稳定性。插值法和拟合法因需实施除法运算而对噪声较敏感；矩方法因实施积分运算而对噪声不敏感，参数定位的鲁棒性较强。所以本节采用灰度矩法计算亚像素点位。

6.3　摄像机标定

利用摄像机采集被测物体图像进行的测量方法中，都需要对摄像机进行标定，以使图像上的像素坐标转换为三维空间的位置坐标。

6.3.1　摄像机成像模型

摄像机成像模型是用数学式子描述简化光学成像的几何关系，实现成像类型的代数化，分为线性模型和非线性模型。描述摄像机模型的参数分为内参数和外参数，摄像机光学成像的内部结构决定内参数，摄像机相对于被测物体所处世界坐标系的拍摄方位决定外参数[10,163]。

摄像机模型处理三维空间点与二维图像点建立联系的问题，定量描述摄像机成像过程，如图 6-2 所示，依次从世界坐标系 O_w-XYZ、摄像机坐标系 O_c-$X_cY_cZ_c$、图像坐标系 O_i-$X_iY_iZ_i$ 到像素坐标系 O_p-xy 的转换过程。其中，Z_c 轴与主光轴同向，O_c 为摄像机光轴与其成像的像平面的交点，O_p 是在二维图像上像素坐标系中的坐标原点。

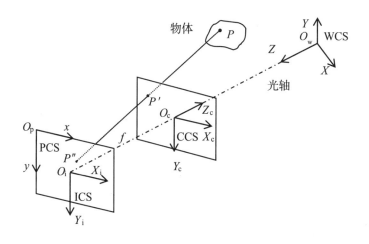

图 6-2　摄像机标定模型

1. 线性模型

为描述在线性模型（又称针孔模型）下的各坐标系间的转换，设在世界坐标系三维空间上的任意点 P，它在 O_w-XYZ 中的坐标 $P(X, Y, Z)$，在 O_c-$X_cY_cZ_c$ 中的坐标为 $P'(X_c, Y_c, Z_c)$，经线性模型透视到成像面 O_i-$X_iY_iZ_i$ 上的坐标为 $P''(X_i, Y_i, Z_i)$，该点在 O_p-xy 中的坐标为 $P''(x, y)$。

点 P 从 O_w-XYZ 到 O_c-$X_cY_cZ_c$ 的转换过程为刚体变换，通过旋转矩阵 $\mathbf{R}$ 与平行向量 $\mathbf{E}$ 来实现；点 P' 从 O_c-$X_cY_cZ_c$ 到 O_i-$X_iY_iZ_i$ 的变换是透视投影过程，点 P'' 从 O_i-$X_iY_iZ_i$ 到 O_p-xy 是一个转换过程，O_p-xy 中的点 $P''(x, y)$ 与 O_w-XYZ 中点 $P(X, Y, Z)$ 的变换关系用式（6-5）表示：

$$\lambda \begin{bmatrix} x \\ y \\ 1 \end{bmatrix} = \begin{bmatrix} \dfrac{1}{dX_i} & \tau & x_0 \\ 0 & \dfrac{1}{dY_i} & y_0 \\ 0 & 0 & 1 \end{bmatrix} \begin{bmatrix} f & 0 & 0 & 0 \\ 0 & f & 0 & 0 \\ 0 & 0 & 1 & 0 \end{bmatrix} \begin{bmatrix} \boldsymbol{R} & \boldsymbol{E} \\ 0^{\mathrm{T}} & 1 \end{bmatrix} \begin{bmatrix} X \\ Y \\ Z \\ 1 \end{bmatrix} \tag{6-5}$$

$$= \begin{bmatrix} f_x & \eta & x_0 \\ 0 & f_y & y_0 \\ 0 & 1 & 0 \end{bmatrix} \begin{bmatrix} \boldsymbol{R} & \boldsymbol{E} \end{bmatrix} \begin{bmatrix} X \\ Y \\ Z \\ 1 \end{bmatrix} = \boldsymbol{K} \begin{bmatrix} \boldsymbol{R} & \boldsymbol{E} \end{bmatrix} \begin{bmatrix} X \\ Y \\ Z \\ 1 \end{bmatrix}$$

其中，λ 表示比例因子，τ 表示 x、y 轴方向上的倾斜因子，$\eta = \tau f$，$\boldsymbol{R}$ 和 $\boldsymbol{E}$ 分别表示旋转矩阵和平移向量，是摄像机外参数；$\boldsymbol{R}$ 是 3×3 正交单位矩阵，$\boldsymbol{E}$ 是三维平移向量，$0^{\mathrm{T}} = [0, 0, 0]^{\mathrm{T}}$，上标 T 代表向量转置运算，$f$ 表示摄像机的焦距 O_cO_i，设 O_i 在 O_p-xy 中的坐标为（x_0，y_0），dX_i、dY_i 表示每个像素在 X_i 轴与 Y_i 轴方向的物理尺寸，$f_x = f/dX_i$ 和 $f_y = f/dY_i$ 分别表示图像 x 轴和 y 轴方向的有效焦距。$\boldsymbol{K}$ 为摄像机内参数矩阵，由 f_x、f_y、s、x_0、y_0 决定。

2. 非线性模型

摄像机镜头在加工制作过程中，难免存在一定的光学畸变，尤其在采用广角镜头时，其畸变不容忽视。当要求标定精度较高时，摄像机标定根据带畸变的非线性模型进行；该模型主要考虑了径向畸变和切向畸变，畸变量可以用非线性式子表示：

$$\begin{cases} \delta_{X_i} = \left[k_1 X_i r^2 + k_2 X_i r^4 + k_3 X_i r^6 + \cdots \right] + \left[2p_1 X_i Y_i + p_2 \left(r^2 + 2X_i^2 \right) \right] \\ \delta_{Y_i} = \left[k_1 Y_i r^2 + k_2 Y_i r^4 + k_3 Y_i r^6 + \cdots \right] + \left[2p_2 X_i Y + p_1 \left(r^2 + 2Y_i^2 \right) \right] \end{cases} \tag{6-6}$$

其中，$r = (X_i^2 + Y_i^2)^{1/2}$，式（6-6）两个分式中，每个分

式的前一方括号中的部分为镜头的径向畸变，后一方括号中的部分为镜头的切向畸变。考虑畸变时点 P 投影成像在 O_i-$X_i Y_i Z_i$ 中的点为 P'（$X_i d$，$Y_i d$），则

$$\begin{cases} X_i d = X_i + \delta_{X_i} \\ Y_i d = Y_i + \delta_{Y_i} \end{cases} \tag{6-7}$$

6.3.2　摄像机标定方法简介

摄像机标定是利用采集已知世界坐标的特征点计算摄像机内外参数的过程，是从二维图像中重构三维空间信息的关键所在[164]。标定方法按照标靶不同分为基于二维标靶[165]和三维标靶[166]的方法；按照是否区别内外参数分为隐式和显示参数法[167]。

一般认为 2D 棋盘格标靶的非线性模型标定法分三步来说明：

1. 标靶平面坐标和像素坐标间的单应矩阵

设标靶平面在世界坐标系 O_w-XYZ 下 O_w-XY 平面上，则 $Z=0$。由式（6-5）得

$$\lambda \begin{bmatrix} x \\ y \\ 1 \end{bmatrix} = K \begin{bmatrix} r_1 & r_2 & r_3 & E \end{bmatrix} \begin{bmatrix} X \\ Y \\ Z \\ 1 \end{bmatrix} = K \begin{bmatrix} r_1 & r_2 & E \end{bmatrix} \begin{bmatrix} X \\ Y \\ 1 \end{bmatrix} \tag{6-8}$$

标靶平面上一点在 O_w-XYZ 中的向量表示为 $M = [X，Y]^T$，对应的 O_p-xy 中的向量表示为 $m = [x，y]^T$，二者对应的齐次方程分别为 $\tilde{M} = [X，Y，1]^T$ 和 $\tilde{m} = [x，y，1]^T$，则 M 与 m 间存在一个单应矩阵 H：

$$\lambda \tilde{m} = H \tilde{M} \tag{6-9}$$

单应矩阵 H 可表示为

$$H = \begin{bmatrix} h_1 & h_2 & h_3 \end{bmatrix} = K \begin{bmatrix} r_1 & r_2 & E \end{bmatrix} \tag{6-10}$$

根据 R 单位矩阵的正交性，r_1 和 r_2 满足正交关系：

$$\begin{cases} r_1^{\mathrm{T}} r_2 = 0 \\ r_1^{\mathrm{T}} r_1 = r_2^{\mathrm{T}} r_2 \end{cases} \tag{6-11}$$

由式（6-11）得两个方程组成的方程组：

$$\begin{cases} h_1^{\mathrm{T}} K^{-\mathrm{T}} K^{-1} h_2 = 0 \\ h_1^{\mathrm{T}} K^{-\mathrm{T}} K^{-1} h_1 = h_2^{\mathrm{T}} K^{-\mathrm{T}} K^{-1} h_2 \end{cases} \tag{6-12}$$

2. 摄像机内外参数求解

一个绝对二次曲线在图像上投影的像可用 $S = K^{-\mathrm{T}} K^{-1}$ 表示，设

$$S = K^{-\mathrm{T}} K^{-1} = \begin{bmatrix} S_{11} & S_{12} & S_{13} \\ S_{21} & S_{22} & S_{23} \\ S_{31} & S_{32} & S_{33} \end{bmatrix}$$

$$= \begin{bmatrix} \dfrac{1}{f_x^2} & -\dfrac{\tau}{f_x^2 f_y} & -\dfrac{y_0 \tau - x_0 f_y}{f_x^2 f_y} \\[3mm] -\dfrac{\tau}{f_x^2 f_y} & \dfrac{\tau^2}{f_x^2 f_y^2} + \dfrac{1}{f_y^2} & -\dfrac{\tau(y_0 \tau - x_0 f_y)}{f_x^2 f_y^2} - \dfrac{y_0}{f_y^2} \\[3mm] \dfrac{y_0 \tau - x_0 f_y}{f_x^2 f_y} & -\dfrac{\tau(y_0 \tau - x_0 f_y)}{f_x^2 f_y^2} - \dfrac{y_0}{f_y^2} & \dfrac{(y_0 \tau - x_0 f_y)^2}{f_x^2 f_y^2} + \dfrac{y_0^2}{f_y^2} + 1 \end{bmatrix}$$

$$\tag{6-13}$$

S 为对称矩阵，所以可用一个六维向量表示：$s = [S_{11}, S_{12}, S_{22}, S_{13}, S_{23}, S_{33}]^{\mathrm{T}}$。

设 H 的第 i 列表示为 $h_i = [h_{i1}, h_{i2}, h_{i3}]^{\mathrm{T}}$，则有

$$\begin{bmatrix} \boldsymbol{y}_{12}^{\mathrm{T}} \\ (\boldsymbol{y}_{11} - \boldsymbol{y}_{22})^{\mathrm{T}} \end{bmatrix} s = 0 \qquad (6-14)$$

其 中 $\boldsymbol{y}_{ij}=[h_{i1}h_{j1}$，$h_{i1}h_{j2}+h_{i2}h_{j1}$，$h_{i2}h_{j2}$ $h_{i3}h_{j1}+h_{i1}h_{j3}$，$h_{i1}h_{j2}+$ $h_{i2}h_{j1}$，$h_{i3}h_{j2}+h_{i2}h_{j3}$，$h_{i3}h_{j3}]^{\mathrm{T}}$。

当摄像机在不同位置对标靶采集 n 帧图像，组成 n 个方程：

$$\boldsymbol{Y}s=0 \qquad (6-15)$$

其中，$\boldsymbol{Y}$ 是 $2n \times 6$ 矩阵，当 $n \geqslant 3$ 时，在定义一个比例因子时可确定 s。s 求出后，按照 Cholesky 矩阵分解算法求得 $\boldsymbol{K}^{-1}$，进而获得 $\boldsymbol{K}$。据式（6-10）中的摄像机内参数矩阵 $\boldsymbol{K}$ 和单应矩阵 $\boldsymbol{H}$ 之间的关系，可得

$$\begin{cases} \boldsymbol{r}_1=\lambda \boldsymbol{K}^{-1}\boldsymbol{h}_1 \\ \boldsymbol{r}_2=\lambda \boldsymbol{K}^{-1}\boldsymbol{h}_2 \\ \boldsymbol{r}_3 = \boldsymbol{r}_1 \times \boldsymbol{r}_2 \\ \boldsymbol{E} = \lambda \boldsymbol{K}^{-1}\boldsymbol{h}_3 \end{cases} \qquad (6-16)$$

其中，$\lambda=1/\|\boldsymbol{K}^{-1}\boldsymbol{h}_1\|=1/\|\boldsymbol{K}^{-1}\boldsymbol{h}_2\|$。

3. 畸变参数求解与参数优化

上述分析是在没有考虑镜头畸变时求解的摄像机参数。为获得更高精度的标定结果，按照摄像机非线性模型，上述摄像机参数作为初值，采用最大似然估计优化。在 n 幅图像中的每幅图像上都有 m 个特征点时，最大似然估计获得通过下式最小化：

$$\sum_{i=1}^{n}\sum_{j=1}^{m}\left\| m_{ij} - \hat{m}\left(\boldsymbol{K}, \ k_1, \ k_2, \ p_1, \ p_2, \ \boldsymbol{R}_i, \ \boldsymbol{E}_i, \ \boldsymbol{M}_j \right) \right\|^2 \qquad (6-17)$$

其中，$\hat{m}\left(\boldsymbol{K}, \ k_1, \ k_2, \ p_1, \ p_2, \ \boldsymbol{R}_i, \ \boldsymbol{E}_i, \ \boldsymbol{M}_j \right)$ 是根据式（6-5）、

式（6-6）、式（6-9）对空间点 M_j 在像素坐标系第 i 幅图像的投影，m_{ij} 是三维空间点在第 i 幅图像的像素坐标，K 是内参数矩阵，E_i 和 R_i 为摄像机相对于第 i 幅标靶图像的平移向量和旋转矩阵。据最小化公式并利用 Levenberg-Marquard 优化算法进行非线性优化求解最优解，实现摄像机标定。该方法可较好地解决非线性模型求解的困难，标定精度较高。

6.4 单帧变形条纹三维运动矢量测量的原理

当设计的正弦光栅投影到三维空间上运动物体时，隔行扫描摄像机获取一帧变形条纹 $g(x, y)$，它由先后相隔一个场周期时间正常记录的奇场条纹 $g_o(x, y)$ 和偶场条纹 $g_e(x, y)$ 组成。当两个单场条纹分别映射到原有帧的幅面大小时，$g(x, y)$ 可以表示为二者之和的形式 [117-119]：

$$g(x, y) = g_o(x, y) + g_e(x, y) \tag{6-18}$$

下标 o 和 e 分别代表奇场和偶场，x、y 为像素坐标系下图像坐标。因为单场条纹的隔行信息缺失，缺失行的灰度值全部为 0；所以单场条纹的强度分布可看作该摄像机采用逐行扫描方式正常采集的一个帧变形条纹被一个周期为 2 像素的梳状调制信号空间抽样的结果。假设摄像机在隔行扫描方式下为奇场优先（奇场先被采集），t_1 和 t_2 分别是采集奇场条纹和偶场条纹的时刻，T 为一种视频制式下隔行扫描成像的一个场周期时间，显然 $T = t_2 - t_1$。奇场和偶场条纹分别表示为

$$g_o(x, y) = g_{t_1}(x, y) \cdot u_o(y) \tag{6-19a}$$

$$g_e(x, y) = g_{t_2}(x, y) \cdot u_e(y) \tag{6-19b}$$

这里 $g_{t1}(x, y)$ 与 $g_{t2}(x, y)$ 分别表示奇场与偶场条纹对应的帧条纹：

$$g_{t_1}(x, y) = a_{t1}(x, y) + b_{t1}(x, y)\cos\left(2\pi f_1 x + \varphi_{t1}(x, y)\right) \quad （6-20a）$$

$$g_{t_2}(x, y) = a_{t_2}(x, y) + b_{t2}(x, y)\cos\left(2\pi f_1 x + \varphi_{t2}(x, y)\right) \quad （6-20b）$$

其中，f_1、$a(x, y)$ 和 $b(x, y)$ 分别为条纹的空间基频、背景和对比度光强；$\varphi(x, y)$ 为因物体表面高度变化产生的调制相位。

$u_o(x, y)$ 与 $u_e(x, y)$ 分别为奇场与偶场条纹对应的梳状调制函数：

$$u_o(y) = \frac{1}{2}\mathrm{comb}\left(\frac{y}{2}\right) \quad （6-21a）$$

$$u_e(y) = \frac{1}{2}\mathrm{comb}\left(\frac{y-1}{2}\right) \quad （6-21b）$$

式（6-21a）和式（6-21b）相比，只是 y 方向坐标移动一个像素。

以奇场条纹利用 FTP 方法重建物体面形的过程为例进行说明。对奇场条纹进行二维快速傅里叶变换（FFT），计算出 $g_o(x, y)$ 的傅里叶谱：将 $g_o(x, y)$、$g_{t1}(x, y)$ 和 $u_o(x, y)$ 的二维傅里叶变换频谱分别记为 $G_o(f_x, f_y)$、$G_{t1}(f_x, f_y)$ 和 $U_o(f_x, f_y)$，有

$$G_{t_1}(f_x, f_y) = A_{t_1}(f_x, f_y) + Q_{t_1}(f_x - f_1, f_y) + Q_{t1}^*(f_x + f_1, f_y) （6-22）$$

式中，$A_{t1}(f_x, f_y)$、$Q_{t1}(f_x - f_1, f_y)$ 和 $Q_{t1}^*(f_x + f_1, f_y)$ 分别表示 $a_{t1}(x, y)$、$1/2 b_{t1}(x, y)\exp[i(2\pi f_{1x} + \varphi_{t1}(x, y)]$ 和 $1/2 b_{t1}(x, y)\exp[-i(2\pi f_{1x} + \varphi_{t1}(x, y)]$ 的傅里叶变换

频谱。$Q_{t1}(f_x-f_1, f_y)$ 和 $Q^*_{t1}(f_x+f_1, f_y)$ 中都含有物体高度的相位信息，分别对应 +1、–1 级频谱，滤出其中的任一频谱，就可重建物体三维面形。

$$U_o(f_y) = \frac{1}{2}\sum_{k=-\infty}^{\infty}\delta\left(f_y-\frac{k}{2}\right) \qquad (6-23)$$

$$G_o(f_x, f_y) = G_{t_1}(f_x, f_y) * U_o(f_y) = \frac{1}{2}\sum_{k=-\infty}^{\infty}\left[G_{t_1}\left(f_x, f_y-\frac{k}{2}\right)\right]$$

$$= \frac{1}{2}\sum_{k=-\infty}^{\infty}\left[A_{t_1}\left(f_x, f_y-\frac{k}{2}\right)+Q_{t_1}\left(f_x-f_1, f_y-\frac{k}{2}\right)+Q^*_{t1}\left(f_x+f_1, f_y-\frac{k}{2}\right)\right]$$

$$(6-24)$$

其中，* 表示卷积；k 为整数。

从（6-22）~（6-24）式可看出，$G_o(f_x, f_y)$ 就是不同位置的 δ 函数与 $G_{t_1}(f_x, f_y)$ 卷积，结果是把 $G_{t_1}(f_x, f_y)$ 复制到该脉冲所在频谱的空间位置，并乘该脉冲幅值的 1/2 倍；但 $G_{t_1}(f_x, f_y)$ 频谱的相位信息保持不变。据文献 [117–119] 分析，根据图像大小与基频的关系可知，在奇场条纹的频谱面上，仅有 $k=0$、± 1 时的频谱，而且 $k=\pm 1$ 的频谱的中心分别分布在频谱面的最后一行和第一行上，这些频谱都不完整，不能用来重构物体面形信息。只有 $k=0$ 时，三个频谱 [$0.5A_{t_1}(f_x, f_y)$、$0.5Q_{t_1}(f_x-f_1, f_y)$ 和 $0.5Q^*_{t1}(f_x+f_1, f_y)$] 的中心都在中间行上，且频谱完好。滤出 $0.5Q_{t_1}(f_x-f_1, f_y)$ 或 $0.5Q^*_{t1}(f_x+f_1, f_y)$ [这里滤出 $0.5Q_{t_1}(f_x-f_1, f_y)$]，逆傅里叶变换后，获得一个复数信号：

$$g_{or}(x, y) = \frac{1}{4}b_{t_1}(x, y)\exp\left[i\left(2\pi f_1 x+\varphi_{t1}(x, y)\right)\right] \quad (6-25)$$

它的相位分布：

$$\varphi_{t1}(x, y)+2\pi f_1 x = \mathrm{Im}\{\ln g_{or}(x, y)\} \qquad (6-26)$$

$\mathrm{Im}\{\ \}$ 表示提取复数的虚部。因此，从奇场条纹提取的相位分布与其对应帧条纹提取的相位分布相同 [117]。发散照明下由高度调制产生的相位 $\Delta\varphi_{t1}(x,y)$ 为

$$\Delta\varphi_{t1}(x,y) = \varphi_{t1}(x,y) - \varphi_0(x,y) \qquad (6\text{-}27)$$

其中，$\varphi_0(x,y)$ 是静态参考平面上参考条纹的相位分布。$\Delta\varphi_{t1}(x,y)$ 通过相位展开，得到展开相位 $\Delta\varphi_{t1}(x,y)$。利用李万松等人提出的四平面法 [55] 进行径向方向上的标定，即物体的空间高度分布 $Z_{t1}(x,y)$：

$$\frac{1}{Z_{t1}(x,y)} = d_1(x,y) + \frac{d_2(x,y)}{\Delta\varphi_{t1}(x,y)} + \frac{d_3(x,y)}{\Delta\varphi_{t1}^2(x,y)} \qquad (6\text{-}28)$$

这里 $d_1(x,y)$、$d_2(x,y)$ 和 $d_3(x,y)$ 是测量系统的参数，通过李万松的方法可求得。

同理，利用 FTP 对偶场条纹进行处理，获得 t_2 时刻的高度分布 $Z_{t2}(x,y)$：

$$\frac{1}{Z_{t2}(x,y)} = d_1(x,y) + \frac{d_2(x,y)}{\Delta\varphi_{t2}(x,y)} + \frac{d_3(x,y)}{\Delta\varphi_{t2}^2(x,y)} \qquad (6\text{-}29)$$

物体的调制度反映了物体的轮廓特征 [76-79]，物体在两个时刻的调制度分布定义分别为

$$J_{t1}(x,y) = 2\text{abs}(g_{or}(x,y)) = \frac{1}{2}b_{t1}(x,y) \qquad (6\text{-}30a)$$

$$J_{t2}(x,y) = 2\text{abs}(g_{er}(x,y)) = \frac{1}{2}b_{t2}(x,y) \qquad (6\text{-}30b)$$

abs 表示取模。分别运用图像阈值分割方法进行二值化进行处理，通过设置一个阈值 th，二值化为 1（物体部分）和 0（非物体部分）：

$$N_{t1}(x, y) = \begin{cases} 1, & J_{t1}(x, y) \leqslant th \\ 0, & 其他 \end{cases} \quad (6-31a)$$

$$N_{t2}(x, y) = \begin{cases} 1, & J_{t2}(x, y) \leqslant th \\ 0, & 其他 \end{cases} \quad (6-31b)$$

再分别求其质心[159-160]，获得亚像素精度的定位点 $W_{t1}(x_1, y_1)$ 和 $W_{t2}(x_2, y_2)$，这两点的坐标分别是物体三维面形上同一点在不同位置的像素坐标；对重建的三维面形进行双三次插值[161-162]，获取三维物体同一点在两个空间位置上的特征匹配点的高度坐标分别为 $Z_{t1}(x_1, y_1)$ 和 $Z_{t2}(x_2, y_2)$。

选用张正友标定法，获得摄像机内外参数，利用像素坐标与世界坐标系间的关系，获得匹配点的三维空间坐标 $Q_1(X_1, Y_1, Z_{t1}(X_1, Y_1))$ 和 $Q_2(X_2, Y_2, Z_{t2}(X_2, Y_2))$，计算三个维度上的位移：

$$\begin{cases} \Delta X = X_2 - X_1 \\ \Delta Y = Y_2 - Y_1 \\ \Delta Z = Z_{t2}(X_2, Y_2) - Z_{t1}(X_1, Y_1) \end{cases} \quad (6-32)$$

则位移 l 大小为

$$l = \sqrt{(\Delta X)^2 + (\Delta Y)^2 + (\Delta Z)^2} \quad (6-33)$$

方向角 α 和 β 为

$$\begin{cases} \alpha = \arctan(\Delta X / \Delta Y) \\ \beta = \arcsin(\Delta Z / l) \end{cases} \quad (6-34)$$

α 是在 X-Y 平面内分位移与 Y 轴正方向的夹角，β 是位移与 X-Y 平面的夹角。三个方向上的平均速度分别为

$$\begin{cases} \bar{v}_x = \dfrac{\Delta X}{T} \\[2mm] \bar{v}_Y = \dfrac{\Delta Y}{T} \\[2mm] \bar{v}_z = \dfrac{\Delta Z}{T} \end{cases} \qquad （6-35）$$

则平均速度大小为

$$\bar{v} = \frac{l}{T} \qquad （6-36）$$

其方向与位移方向相同。

这样，通过对运动物体一帧变形条纹的处理，就可测量该物体在一个场周期时间段内的三维位移和三维平均速度。

6.5　实验与分析

为了验证所提出测量方法的可行性和有效性，开展了实际物体的实验，被测物体是反射率较低的三维物体，如图 6-3 所示。实验装置如图 6-4 所示，利用两套卓立汉光电控精密位移系统（位移分辨率：0.002 5 mm）来产生被测物体在三个维度方向上的运动，在与摄像机光轴垂直的平面内，电动位移器带动物体的直线运动可分解为世界坐标系 X-Y 平面两个方向上的运动（按照摄像机标定的世界坐标系坐标轴方向：X、Y、Z 轴的正方向分别是竖直向下、水平向右、垂直于 X-Y 平面指向摄像机）。测量系统中，摄像机正对参考平面，投影仪斜对物体。日立 HCP-75X 投影仪投影一帧设计的正弦光栅到被测运动物体上，选用隔行扫描、标清格式（PAL 制式下帧频为 25 f/s）的 Pulnix TM-6AS CCD 摄像机，接 16 mm 镜头，采集一帧参考条纹，如图6-5（a）所示。被测物体在 X-Y 面内匀速运动，速度是 45 mm/s；在 Z 方向上匀速运动，速度是 95 mm/s。在物体匀速运动时，该摄像机实时记录变形条纹的一段视频，利用非线性编辑软件解帧，获得一组序列图像，从中选取一帧变形条纹并截成大小为 200×200 pixels 的条纹，如图6-5（b）所示，该帧条纹分成奇场和偶场两个单场，如图6-6（a）和图6-6（b）所示。

图 6-3　被测物体

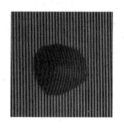

图 6-4　实验装置

（a）参考条纹　　　　　（b）帧变形条纹

图 6-5　条纹图像

（a）奇场条纹　　　　　　　（b）偶场条纹

图 6-6　单场条纹

　　单场条纹分别直接利用 FTP 重建面形，并利用四平面法进行 Z 方向上的标定，重建的三维面形如图 6-7 所示。

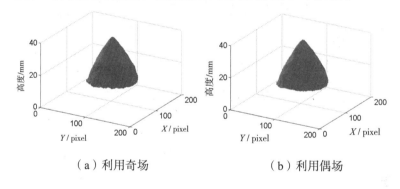

（a）利用奇场　　　　　　　（b）利用偶场

图 6-7　重建的三维面形

　　提取奇偶场条纹的调制度（图 6-8），利用最大类间方差法分别对其进行初步阈值评估，再逐渐减小阈值，使二值化为 1 的部分更逼近真实物体的底部轮廓，计算质心，获取亚像素精度的坐标定位（在相邻两次计算对应轴坐标的最大误差都小于 0.02 pixel 为结束阈值继续减小的判据），获得的二值化模板如图 6-9 所示，计算得到两个质心坐标分别为 W_{t1}（95.81，108.34）和 W_{t2}（95.21，110.43）。

（a）利用奇场　　　　　　　（b）利用偶场

图 6-8　调制度

（a）利用奇场　　　　　　　（b）利用偶场

图 6-9　二值化模板

　　分别对奇偶场重建的面形进行双三次插值，获取三维面形上两个匹配点 Q_1 和 Q_2 的高度值分别为 Z_{t1}（95.81，108.34）和 Z_{t2}（95.21，110.43），分别用 + 标记在插值后的重建面形俯视图上，如图 6-10 所示。

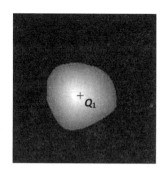 

（a）使用奇场　　　　　　　　　　（b）使用偶场

图 6-10　插值后三维面形上的匹配点（俯视图）

对不同位置与姿态的 20 张平面棋盘格图像按照张正友法进行标定，选取标靶图像的第 1、6、11、16、20 幅，如图 6-11（a）所示，世界坐标系的 O_w-XY 平面建立在第 1 幅标靶图像所在的空间位置上，如图 6-11（b）所示，Z 轴方向指向摄像机。获得摄像机的内、外参数，分别如表 6-1、表 6-2 所示。

（a）标靶图像　　　　　（b）世界坐标系的位置（第一个标靶上）

图 6-11　标靶图像及世界坐标系位置

表 6-1　摄像机内参数（pixel）

焦距	主点	畸变系数
1 907.74	337.75	[−0.451 55, 0.647 45,
2 056.11	245.05	0.000 53, 0.000 01, 0]

表 6-2　摄像机外参数（pixel）

旋转矩阵			平移矢量
0.003 789	0.999 9	0.009 466	−79.83
0.998 7	−0.003 307	−0.050 39	−68.74
−0.050 35	0.009 645	−0.998 7	780.67

通过像素坐标系与空间坐标系坐标间的对应关系[166]，解出两个匹配点 Q_1 和 Q_2 的空间坐标。该物体两个状态的时间间隔是一个场周期时间（$T = 0.02$ s），由于物体在两个电动位移轨道的分运动都是匀速直线运动，其合速度也是匀速直线运动，所以实际上平均速度就是上述合速度。所以匹配点三个方向上的坐标、位移及速度如表 6-3 所示。

表 6-3　匹配点三个方向上的空间坐标、分位移及分速度

变量	X/mm	Y/mm	Z/mm
Q_1	84.58	88.32	32.96
Q_2	84.30	89.17	31.07
l/mm	−0.28	0.85	−1.89
v/（mm/s）	−14.0	42.5	−94.5

所以测量的位移 l=2.09 mm，方向角 α=−18.2°，β=−64.7°；测量的速度 v=104.5 mm/s，方向与位移方向相同。而运动物体的实际速度为 105.1 mm/s，绝对误差为 0.6 mm/s，

相对误差为 0.57%。误差较小，说明该方法可以有效测量物体的三维位移和三维速度。

为了充分说明该方法的有效性，在三维空间中对该被测物体设置另外 3 个不同的匀速直线运动的实际速度，进行同样的实验，测量的速度及速度误差如表 6-4 所示。

表 6-4 实际速度、测量速度、最大误差及相对误差

实验	1	2	3
实际速度 /（mm/s）	85.3	111.0	127.3
测量速度 /（mm/s）	85.0	110.5	127.5
绝对误差 /（mm/s）	0.3	0.5	0.2
相对误差 /%	0.35	0.4	0.16

通过表 6-4 可以看出，速度的误差都较小，表明该方法测量三维运动矢量的可靠性。

6.6 实验中误差来源及减小误差的方法

在基于单帧变形条纹的物体三维运动矢量测量中，误差主要来源及其对测量精度的影响从以下几个方面做简单分析。

6.6.1 条纹的正弦性

由于受到摄像机和投影仪的非线性效应影响，采集条纹的正弦性存在一定的问题，其频谱可能会出现基频成分的二级、三级频谱，从而降低测量精度。

6.6.2　相位展开的效果

物体的面形分布复杂程度和条纹的基频高低影响到相位展开的难度。

6.6.3　高度计算

利用四步相移方法径向标定时，被测量几个平面的高度的精度和每个平面上相位展开的效果直接影响到计算高度的精度。

6.6.4　二值化模板

利用调制度对被测物体的轮廓进行二值化时，边缘提取的精确直接影响到物体表面轮廓的提取精度。

6.6.5　定位精度

使用质心法和插值法对重建面形进行定位时，质心法在像素坐标系下的平面坐标的定位精度、插值方法的效果影响定位精度。

6.6.6　标定数据

摄像机标定结果会直接影响两个匹配点的计算精度，进而影响到计算三维运动矢量的精度。

另外，噪声的影响也是不可忽视的因素。

从提高测量精度的角度尽量减小测量过程中的各种不利因素对测量精度的影响，主要可从以下几个方面改进。

（1）计算并降低条纹图像的非线性误差，减小其对精度的影响。

（2）在被测物体表面复杂时，保证相位展开可以较精确展开的前提下，通过改变测量系统的参数和条纹周期，提高相位展开的精度。

（3）提高测量平面的精度，降低相位－高度映射中误差的影响。

（4）可以考虑采用其他的图像分割方法，对物体的调制度信息进行二值化处理，提高分割的精度。

（5）可以探索采用灰度加权或灰度平方加权质心法等方法，提高定位精度。

（6）在标靶设计及摆放位置、标定方法上展开探索，提高摄像机标定精度。

（7）在重建物体面形后，可以探索使用其他亚像素定位方法，实现更准确的特征点匹配。

（8）在确保能够准确记录单场条纹的前提下，减小曝光时间，降低噪声；对拍摄的图像进行降噪预处理，减小噪声的影响。

（9）从提高相对精度的角度，在确保单场条纹清晰记录的前提下，提高物体的运动速度，进而减小相对误差。

目前，涉及的误差来源对测量精度的影响通常可以进行定量分析，上述减小误差的方法也可以定量描述；已有不少学者针对某一方面或多个方面的误差对测量精度的影响进行了翔实的分析，并对减小误差的方法展开系统的定量分析。这里不再做系统的定量分析。

6.7　本章小结

本章介绍了图像分割算法、亚像素定位技术、摄像机标定等方面的研究进展。

在使用隔行扫描摄像机的条件下，提出了一种利用单帧变形条纹测量物体三维运动矢量的新方法。该方法只需运动物体的一帧变形条纹，就可计算一个场周期时间内的三维位移和三维速度。理论分析了单帧变形条纹测量物体三维运动矢量的可行性，实验结果证实了它的有效性。与传统的条纹投影法相比，该方法不但保持了传统方法的精度，还提高了时间分辨率。此外，利用亚像素定位方法提高了测量运动矢量的精度。

第 7 章　基于单帧图像的物体二维运动矢量测量

对物体运动矢量的检测一直是科学研究的热点和工业检测的重点，利用数字图像对物体运动情况进行分析已成为运动矢量测量的重要途径之一。现有的方法如摄影测量法[87-91]、图像相关法[87,91]、粒子成像法[96-100]等中，测量一个位移或速度，往往需要两帧或两帧以上的图像，所采用摄像机的扫描方式一般为逐行扫描。

摄像机的另一种扫描方式——隔行扫描，对运动物体成像时，因两场图像不在同一时刻采集，使得每一帧图像中包含两个时刻的物体的位置信息[117, 129]。因此，在自然光照明条件下，提出了一种利用隔行扫描摄像机采集运动物体的一帧图像，进行面内二维运动矢量（位移和速度）测量的新方法。该方法仅需采集一帧图像，就可获得被测物体两个运动状态的信息，并可计算出相隔一个场周期时间段的位移和这段时间内的平均速度，提高了时间分辨率。

7.1　二维运动矢量的传统测量方法

光学测量以其高精度、非接触、全场性和易于通过计算机实现自动化控制等优点成为精密测量领域的发展趋势，被广泛应用到自动化加工和工业检测等诸多领域，越来越受到重视。

基于图像的平面内运动矢量测量通常采用一台摄像机对平面内的被测物体的一维或二维信息（如目标的一维或二维

的坐标信息、姿态、位移、速度和加速度等运动矢量）进行检测。要测量一个运动矢量，通常利用逐行扫描摄像机采集图像，而且需要采集两幅不同时刻的图像，还要记录拍摄这两种图像的时间段，进而利用图像相关、特征点匹配等算法对运动目标的位置变化进行计算，获得像素坐标系上的位移；通过摄像机标定，获得世界坐标系下一个平面内的位移，进而计算二维的速度、加速度等信息。通常有摄影测量法、平面视觉测量法、图像相关法、粒子测速法等，其实质都是利用单一摄像机实现运动目标的测量。只是图像相关法是利用图像相关原理获得位移量或变形量，而粒子测速法则是通过对示踪粒子运动状态的测量来评估流场的变化情况。

7.2　单帧图像测量二维运动矢量的原理

在自然光照明下，当被测物体在一个测试平面内运动时，摄像机主光轴垂直于该平面，摄像机选用隔行扫描方式采集该物体的一帧图像，如图 7-1 所示。

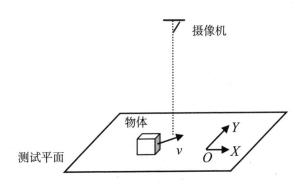

图 7-1　运动测量系统示意图

假设该摄像机是奇场优先（奇场先被采集），设一个场

周期时间为 T，设 t_1 时刻为采集这一帧图像奇场的时刻，采集偶场的时刻为 t_2，该帧图像 $g(x, y)$（设图像大小为 $M \times N$ pixels）由先后相隔 T 时间采集的奇场图像 $g_o(x, y)$ 和偶场图像 $g_e(x, y)$ 组成。当两个单场图像分别映射到原始帧图像大小时，帧图像就是奇偶场图像之和，$g(x, y)$ 可表示为

$$g(x, y) = g_o(x, y) + g_e(x, y) \qquad (7\text{-}1)$$

其中，下标 o 和 e 分别为奇场和偶场；x、y 为像素坐标系图像坐标。单场图像的隔行信息存在缺失，缺失行的灰度值全部是 0，邻近的上下行则是摄像机正常采集的数据。因此单场图像的强度分布就可看作摄像机传统上采用逐行扫描方式正常采集该运动物体的一个帧图像被一个周期为 2 像素的梳状信号空间抽样的结果 [117-119]。两个单场图像可分别表示为

$$g_o(x, y) = \left[r_{t1}(x, y) a_{t1}(x, y) \right] \cdot \left[\frac{1}{2} \mathrm{comb} \left(\frac{y}{2} \right) \right] \qquad (7\text{-}2\mathrm{a})$$

$$g_e(x, y) = \left[r_{t2}(x, y) a_{t2}(x, y) \right] \cdot \left[\frac{1}{2} \mathrm{comb} \left(\frac{y-1}{2} \right) \right] \qquad (7\text{-}2\mathrm{b})$$

其中，$r(x, y)$ 为物体及背景的反射率；$a(x, y)$ 为环境光强；$\mathrm{comb}(y)$ 为像素坐标系中 y 方向上的梳状函数。在奇场和偶场图像表达式的右边，前后两个方括号内的部分分别表示正常采集的帧灰度图像和周期为 2 像素的梳状函数。

因单场图像隔行信息缺失，无法从单场图像中直接提取物体的轮廓信息，对运动物体进行有效定位，所以要先对缺失的行信息进行恢复，利用傅里叶变换去隔行算法对单场图

像进行去隔行处理 [118-119]。这里以奇场图像去隔行过程为例进行说明：

对奇场图像计算二维快速傅里叶变换，设 $g_{t1}(x,y)=r_{t1}(x,y)a_{t1}(x,y)$，$u_o(x,y)=(1/2)\mathrm{comb}(y/2)$，计算出 $g_o(x,y)$ 的傅里叶谱；将 $g_o(x,y)$、$g_{t1}(x,y)$ 和 $u_o(x,y)$ 的二维傅里叶变换频谱分别记为 $G_o(f_x,f_y)$、$U_o(f_x,f_y)$ 和 $G_{t1}(f_x,f_y)$，有

$$U_o(f_y)=\frac{1}{2}\sum_{n=0}^{\infty}\delta\left(f_y-\frac{n}{2}\right) \tag{7-3}$$

$$G_o(f_x,f_y)=G_{t_1}(f_x,f_y)*\left[\frac{1}{2}\sum_{k=-\infty}^{\infty}\delta\left(f_x,f_y-\frac{k}{2}\right)\right]=\frac{1}{2}\sum_{k=-\infty}^{\infty}G_{t_1}\left(f_x,f_y-\frac{k}{2}\right)$$
$$\tag{7-4}$$

其中，* 为卷积；n 和 k 为整数。

从式（7-3）～式（7-4）可以看出，$G_o(f_x,f_y)$ 就是不同位置的 δ 函数与 $G_{t_1}(f_x,f_y)$ 卷积，把 $G_{t_1}(f_x,f_y)$ 复制到该脉冲所在的频谱空间位置，并乘该脉冲幅值的 $1/2$。在频谱移中后，由频谱频率与图像大小的关系可知 [117-119]，在 $U_o(f_x,f_y)$ 频谱面上只有式（7-3）中的 $n=0$、$+1$、-1 三个频谱，而且 $+1$ 和 -1 阶频谱都不完整，并且这两个频谱的中心位置分别在频谱面的第 1 行和第 $M+1$ 行上；而只有 0 阶频谱是完整的，其频谱中心在频谱图上的第 $1+M/2$ 行上。在 $G_{t_1}(f_x,f_y)$ 频谱面上，是以其 0 级频谱的中心（$1+M/2$，$1+N/2$）为中心向外延拓的各级频谱。所以，在 $G_o(f_x,f_y)$ 频谱面上只有式（7-4）中的 $k=0$、$+1$、-1 三组频谱，而且 $+1$ 和 -1 阶频谱都是不完整的，无法还原图像；只有 0 阶频谱 $[0.5G_{t_1}(f_x,f_y)]$ 是完整的，其频谱是以 $G_{t_1}(f_x,f_y)$ 的 0 级频谱的

中心（$1+M/2$，$1+N/2$）为中心，向外从低到高分布的各级频谱，只是各级频谱的幅值都变为原来的 $1/2$。只要滤出式（7-4）$k=0$ 的频谱，再令滤出的频谱乘 2，逆傅里叶变换（FT^{-1}）到空域得 $g_{t_1}^{d}(x, y)$，设 D 表示傅里叶变换去隔行算子，则

$$g_{t_1}^{d}(x, y) = D\{g_o(x, y)\} = FT^{-1}\left\{2 \times \left[\frac{1}{2}G_{t_1}(f_x, f_y)\right]\right\} = g_{t_1}(x, y)$$

（7-5）

这样就获得 t_1 时刻的去隔行图像。从理论上讲，不考虑频谱泄露等滤波影响，去隔行图像与该单场对应的帧图像相同。同理，对偶场图像实施傅里叶变换去隔行处理，得到 t_2 时刻的去隔行图像 $g_{t_2}^{d}(x, y)$，即

$$g_{t_2}^{d}(x, y) = D\{g_e(x, y)\} = g_{t_2}(x, y) \qquad （7-6）$$

这样就获得了同一运动物体在一个场周期时间内的两帧去隔行图像。

一般来说，物体与周围环境总有反射率不同的区域，利用合适的阈值分割方法（如大津法、最大熵法、变分法等），对两个去隔行图像使用同一阈值 th 进行二值化，二值化为 1（物体部分）和 0（非物体部分）：

$$E_{t1}(x, y) = \begin{cases} 1, & g_{t_1}^{d}(x, y) \geq th \\ 0, & 其他 \end{cases} \qquad （7-7）$$

$$E_{t_2}(x, y) = \begin{cases} 1, & g_{t_2}^{d}(x, y) \geq th \\ 0, & 其他 \end{cases} \qquad （7-8）$$

分别求其灰度质心[156-157]，获得两个亚像素精度的定位点 $C_1(x_1, y_1)$ 和 $C_2(x_2, y_2)$。利用张正友标定法[165-166]，

获得摄像机内外参数，利用像素坐标和世界坐标系之间的数学关系，把这两个点的像素坐标转换成世界坐标系中的空间坐标，记为 $C_1\left(X_1,Y_1\right)$ 和 $C_2\left(X_2,Y_2\right)$，则物体在两个坐标轴方向的分位移分别为

$$\begin{cases}\Delta X = X_2 - X_1 \\ \Delta Y = Y_2 - Y_1\end{cases} \qquad (7\text{-}9)$$

则合位移 l 大小为

$$l = \sqrt{\left(\Delta X\right)^2 + \left(\Delta Y\right)^2} \qquad (7\text{-}10)$$

方向角 α 为

$$\alpha = \arccos\left(\frac{\Delta Y}{l}\right) \qquad (7\text{-}11)$$

α 是位移方向与 Y 轴的正方向的夹角，则平均速度 $\bar{v}$ 为

$$\bar{v} = \frac{l}{T} \qquad (7\text{-}12)$$

其方向与位移方向相同。

这样，运动物体的一帧图像，被拆分成奇偶两场，对奇偶两场分别进行去隔行处理，得到相隔一个场周期时间 T 的两帧去隔行图像；通过计算物体二值化图像的质心，获得物体在不同位置的匹配点；通过摄像机标定将像素坐标转换为空间坐标，就可计算在 T 时间段内物体二维位移和二维平均速度。

7.3　面内运动物体的实验与分析

为说明所提方法的有效性，实施了面内运动物体的运动矢量测量。被测物体如图 7-2 所示，实验装置如图 7-3 所示。

实验利用一套卓立汉光电控精密位移系统（位移分辨率为 0.002 5 mm）来控制被测物体在平面内的运动，位移器带动物体的直线运动可分解为世界坐标系 X–Y 平面上两个方向的运动（按照摄像机标定的世界坐标系坐标轴方向：X、Y 轴的正方向分别为竖直向下、水平向右）；物体在运动平面内匀速运动，速度为 45 mm/s。摄像机正对被测物体，选用隔行扫描、标清模式（帧频为 25 f/s）的 Pulnix TM–6AS CCD 摄像机，接 16 mm 镜头，实时采集该运动物体匀速运动的视频，利用非线性编辑软件将其分解成序列图像，从中选取一帧并将其截成大小为 200×200 像素的图像，如图 7–4 所示，与图 7–2 相比，可以看到物体边缘很模糊，存在严重的锯齿化。

图 7–2　被测物体

图 7–3　实验装置

图 7–4　一帧图像

　　该帧图像分成奇场和偶场两个单场，如图 7-5 所示。奇场图像的频谱如图 7-6（a）所示，与理论分析相一致；中间完整的一组频谱对应理论分析式（7-4）$k=0$ 时的频谱 $0.5G_{t1}(f_x, f_y)$，即要滤出的频谱。根据在频谱面上的三组频谱的对称性分布，在行方向上，滤波范围一般不超过上半部分和下半部分行数间隔的一半，如图 7-6（b）所示，防止另一级次的频谱被滤出，但又不能过小，过小会使一些频谱被滤掉。采用滤波效果较好的汉宁窗函数，在行方向上将滤波窗口设为 101 行（从第 51 行到第 151 行，即从 H_1 到 H_2），为了尽可能还原图像，滤波窗口在列方向不做限制 [如图 7-6（b）虚线包含部分]；滤出的频谱经过逆傅里叶变换，乘 2，获得奇场的去隔行图像，如图 7-7（a）所示，可以看出隔行信息获得恢复，图像清晰，边缘去模糊效果明显。同理，对偶场图像进行傅里叶变换去隔行处理，获得偶场去隔行图像 [图 7-7（b）]，可以看出去隔行图像较好地恢复了物体形貌。

（a）奇场　　　　　　　　　　　（b）偶场

图 7-5　单场图像

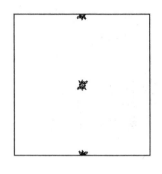
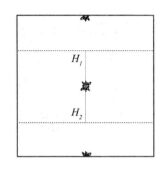

（a）奇场频谱　　　　　　（b）滤波范围

图 7-6　奇场频谱及其滤波范围

（a）利用奇场　　　　　　（b）利用偶场

图 7-7　去隔行图像

利用大津法[147-148]分别对两个去隔行图像进行初次阈值评估，再逐渐减小阈值，使二值化为 1 的部分更逼近物体的轮廓，计算质心获取亚像素精度的坐标定位（在相邻两次计算对应轴坐标的最大误差都小于 0.03 pixel，为结束阈值继续减小的判据），获得的二值化模板如图 7-8 所示，计算得到两个质心坐标，分别为 C_1（108.62，102.19）和 C_2（107.80，104.25），分别用 + 标记在匹配模板上，如图 7-9 所示。

（a）利用奇场　　　　　　　　（b）利用偶场

图 7-8　二值化匹配模板

 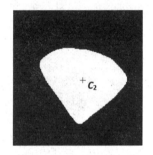

（a）利用奇场　　　　　　　　（b）利用偶场

图 7-9　匹配模板的匹配点

　　对不同位置与姿态的 16 张平面棋盘格图像按照张正友法实施摄像机标定，选取标靶图像的第 1、5、9、12、16 幅 [图 7-10（a）]，世界坐标系中 O_w-XY 平面建立在第 1 幅标靶图像所在空间位置上，如图 7-10（b）所示。

（a）标靶图像　　（b）世界坐标系的位置（第一个标靶上）

图 7-10　标靶图像及世界坐标系位置

获得摄像机的内、外参数分别如表 7-1、表 7-2 所示。

表 7-1　摄像机内参数（pixel）

焦距	主点	畸变系数
1 907.74	337.75	[-0.451 55, 0.647 45,
2 056.11	245.05	0.000 53, 0.000 01, 0]

表 7-2　摄像机外参数（pixel）

旋转矩阵			平移矢量
0.003 789	0.999 9	0.009 466	−79.83
0.998 7	−0.003 307	−0.050 39	−68.74
−0.050 35	0.009 645	−0.998 7	780.67

通过像素坐标与空间坐标间对应关系[165-166]，解出两个

亚像素匹配点的空间坐标。由于物体做匀速运动，平均速度即为其速度。一个场周期时间 $T = 0.02\text{s}$ 为该物体两个状态的时间间隔，匹配点在两个坐标轴方向上的坐标、计算的分位移及分速度如表 7-3 所示。

表 7-3　两匹配点的空间坐标、分位移及分速度

变量	X/mm	Y/mm
C_1	96.34	94.63
C_2	96.03	95.47
l/mm	−0.31	0.84
v/（mm/s）	−15.5	42.0

计算得到合位移 l=0.895mm，方向角 α=−20.3°；合速度 v=44.8 mm/s，方向与位移方向相同。所以速度的绝对误差为 0.2 mm/s，相对误差为 0.44%。误差较小，表明该方法可以有效测量物体二维位移和速度等运动矢量。

7.4　本章小结

本章提出了一种在自然光照明下利用隔行扫描摄像机采集运动物体单帧图像测量其二维运动矢量的新方法。该方法只需一帧图像，通过分成两个单场，每个单场图像利用傅里叶变换去隔行算法实施去隔行处理，获得的去隔行图像理论上与该单场对应的帧图像相同；去隔行图像经二值化、求质心和标定处理，获得相隔一个场周期时间段的运动物体两个状态的匹配点，就可计算相隔一个场周期时间的二维位移和平均速度。理论分析说明了单帧图像测量面内二维运动矢量

的可行性，对面内运动物体的实验结果证明了该方法的有效性。与传统上采用摄像机逐行扫描方式采集图像的测量方法相比，该方法提高了时间分辨率；另外，利用亚像素点位技术，提高了定位精度，进而提高了测量精度。

第 8 章　总结与展望

8.1 总结

基于光学成像的动态测量方法，通过摄像机获取动态物体的图像，通过计算机测量，可以获得被测物体三维表面面形、运动姿态、运动矢量等信息。该类方法因具有非接触性、速度快、实时性强、测量精度高、易于自动化处理等优点，在诸多领域获得广泛的应用和巨大的发展空间。

本书研究了基于隔行扫描成像的动态面形及运动矢量测量的相关技术与方法，与传统上摄像机采用逐行扫描方式记录图像相比，在提高图像时间分辨率的前提下，以恢复图像或恢复重建三维面形的空间分辨率为主要目标，同时以保持传统方法的测量精度为基本目的，开展了以下研究工作：分析了条纹方向选择对动态三维面形测量精度的影响，为测量系统的正弦光栅设计提供了理论依据；研究了利用彩色条纹 RGB 三通道实现三步相移的 PMP 方法，结合隔行扫描摄像机成像的特点，提出了基于隔行扫描成像的彩色条纹动态相位测量轮廓术方法；研究了基于结构光的物体空间三维运动矢量测量的方法，提出了基于单帧变形条纹的物体三维运动矢量测量的方法；研究了单个摄像机测量面内二维运动矢量的方法，提出了基于物体单帧图像的二维运动矢量测量的方法。

本书的创造性工作主要包括几个方面：

（1）分析了隔行扫描成像的动态三维面形测量中所采集条纹的方向选择对测量精度的影响。一般来说，选择条纹栅线与扫描线垂直的条纹图像的测量精度较高；条纹空间频率较低时，选择栅线与扫描线垂直或平行的正弦条纹测量效果相当；当空间频率较高时，采用栅线与扫描线垂直的正弦条纹测量效果较好。为测量系统的正弦光栅设计提供了理论依据，实验结果说明了光栅优化设计的有效性。

（2）提出了一种基于隔行扫描成像的彩色条纹动态相位测量轮廓术方法。设计的一帧在相邻通道间有 $2\pi/3$ 相移的彩色正弦光栅投影到运动物体上，利用隔行扫描彩色摄像机实时记录该物体一组序列彩色变形条纹，从每一帧彩色变形条纹分解出两组具有三步相移且缺失隔行信息的单场灰度变形条纹，利用傅里叶变换去隔行算法，使隔行的单场条纹插补成逐行的帧条纹。因而从每一帧彩色变形条纹中可重构出六帧去隔行灰度变形条纹，形成两组具有三步相移的去隔行帧灰度条纹，采用 PMP 就可重构出两个不同时刻的动态面形信息。该方法具有传统 PMP 的测量精度，提高了系统的时间分辨率。对运动物体的实验测量结果证实了该方法的可行性和有效性。

（3）提出了一种基于单帧变形条纹的物体三维运动矢量测量的方法。该方法仅需利用隔行扫描摄像机采集运动物体的一帧变形条纹，通过一系列处理，将其分成两个单场，直接利用 FTP 重建三维面形，从单场条纹的调制度中提取二值化模板，计算质心获得亚像素匹配定位点，双三次插值和标定，就能测量在一个场周期时间内三个维度上的位移和平均速度。对三维空间上匀速运动的物体实施测量，被测速度的最大绝对误差为 0.6 mm/s，相对误差为 0.57%，实验结果证明该方法可有效测量三维运动矢量。该方法提高了时间分辨率；利用亚像素定位方法，提高了测量运动矢量的精度。

（4）提出了一种基于单帧图像的物体二维运动矢量测量

的方法。该方法只需利用隔行扫描摄像机采集运动物体的一帧图像，并将其分成两个单场，利用傅里叶变换去隔行算法对每个单场图像实施去隔行处理，获得的去隔行图像理论上与该单场对应的帧图像相同；去隔行图像经二值化、求质心和标定处理，获得相隔一个场周期时间段的运动物体两个状态的匹配点，就可计算相隔一个场周期时间的二维位移和平均速度。对面内匀速运动物体的实验中，测量速度的绝对误差为 0.2 mm/s，相对误差为 0.44%。实验结果证明了该方法的有效性。

8.2　展望

随着光电成像理论和技术、计算机软硬件技术、信息处理理论和技术等的飞速发展，基于光学成像的动态测量方法和技术将更加适用于实际的工业检测和日常生活，并推动了更多实用化、自动化、智能化、人性化、高精度的测量仪器的产生。

隔行扫描摄像机成像具有牺牲空间分辨率换取时间分辨率的特点，减少了数据量，降低了对信息传输的带宽要求；经过对单场条纹的处理，不但提高了测量系统的时间分辨率，而且保持了采用逐行扫描摄像机成像的传统动态测量方法的精度，因而使隔行扫描摄像机在今后的动态测量中拥有一席之地，预计今后可以在以下几个方面深入研究：

（1）把隔行扫描摄像机成像应用到变形面形测量中，测量较高变化速度的场景中，以满足不同应用情况下的实时动态测量。

（2）对颜色校正进行深入研究，提出较高校正效果的软硬件结合的方法，提高基于彩色条纹 PMP 方法的测量精度。

（3）探索基于较高帧速的隔行扫描摄像机测量运动物体即时速度和加速度的实验与应用分析。

（4）对图像分割、亚像素定位技术进行研究，获取更快速、更准确的特征匹配点。

（5）研究运动分割算法，探索开展更高精度、更快速的立体匹配算法研究。

参考文献

[1] 张广军. 视觉测量 [M]. 北京：科学出版社，2008：1-132.

[2] STRAND T C. Optical three-dimensional sensing for machine vision[J]. Optical Engineering，1985，24（1）：33-40.

[3] CHEN F，BROWN G M，SONG M. Overview of three-dimensional shape measurement using optical methods[J]. Optical Engineering，2000，39（1）：10-22.

[4] 金国藩，李景镇. 激光测量学 [M]. 北京：科学出版社，1998：798-851.

[5] 苏显渝，李继陶，曹益平，等. 信息光学 [M]. 北京：科学出版社，2011：304-336.

[6] 陈家璧，苏显渝. 光学信息技术原理及应用 [M]. 北京：高等教育出版社，2009：407-432.

[7] 苏显渝，李继陶. 三维面形测量技术的新进展 [J]. 物理，1996，25（10）：614-620.

[8] 桑新柱，吕乃光. 三维形状测量方法及发展趋势 [J]. 北京机械工业学院学报（综合版），2001，16（2）：32-38.

[9] PENTLAND A P. A new sense for depth of field[J]. IEEE Transactions on Pattern Analysis and Machine Intelligence，1987，9（4）：523-531.

[10] CARDENAS-GARCIA J F, YAO H G, ZHENG S. 3D reconstruction of objects using stereo imaging[J]. Optics and Lasers in Engineering, 1995, 22（3）: 193-213.

[11] 马颂德, 张正友. 计算机视觉: 计算理论与算法基础 [M]. 北京: 科学出版社, 1998: 32-93.

[12] 高文, 陈熙霖. 计算机视觉: 算法与系统原理 [M]. 北京: 清华大学出版社, 1998: 1-132.

[13] 章毓晋. 图像工程 下册, 图像理解与计算机视觉 [M]. 北京: 清华大学出版社, 2000: 3-140.

[14] 胡家升, 凌伟, 黄廉卿, 等. 遥感中的立体成像技术 [J]. 光学学报, 1997, 17（2）: 222-226.

[15] LUO P F, CHAO Y J, SUTTON M A, et al. Accurate measurement of three-dimensional deformations in deformable and rigid bodies using computer vision[J]. Experimental Mechanics, 1993, 33（2）: 123-132.

[16] 王萍. 近景摄影测量技术应用的回顾 [J]. 铁道工程学报, 2006（增刊1）: 168-174.

[17] HELM J D, MCNEILL S R, SUTTON M A. Improved three-dimensional image correlation for surface displacement measurement[J]. Optical Engineering, 1996, 35（7）: 1911-1920.

[18] WALLACE I D, LAWSON N J, HARVEY A R, et al. High-speed photogrammetry system for measuring the kinematics of insect wings[J]. Applied Optics, 2006, 45（17）: 4165-4173.

[19] 唐正宗, 梁晋, 郭成. 基于摄影测量校正的斜光轴数字图像相关方法 [J]. 光学学报, 2011, 31（11）: 157-165.

[20] LEE C-H, ROSENFELD A. Improved methods of estimating shape from shading using the light source coordinate system[J]. Artificial Intelligence, 1985, 26 (2): 125–143.

[21] GORLA G, INTERRANTE V, SAPIRO G. Texture synthesis for 3D shape representation[J]. IEEE Transactions on Visualization and Computer Graphics, 2003, 9 (4): 512–524.

[22] KIM S K, KANG B, HEO J, et al. Photometric stereo-based single time-of-flight camera[J]. Optics Letter, 2014, 39 (1): 166–169.

[23] JARVIS R A. A laser time-of-flight range scanner for robotic vision[J]. IEEE Transactions on Pattern Analysis and Machine Intelligence, 1983, 5 (5): 505–512.

[24] MASSA J S, BULLER G S, WALKER A C, et al. Time-of-flight optical ranging system based on time-correlated single-photon counting[J]. Applied Optics, 1998, 37 (31): 7298–7304.

[25] KAWAKITA M, IIZUKA K, NAKAMURA H, et al. High-definition real-time depth-mapping TV camera: HDTV AXI-vision camera[J]. Optics Express, 2004, 12 (12): 2781–2794.

[26] MOLINA J, ESCUDERO-VIÑOLO M, SIGNORIELLO A, et al. Real-time user independent hand gesture recognition from time-of-flight camera video using static and dynamic models[J]. Machine Vision and Applications, 2013, 24 (1): 187–204.

[27] JIMENEZ D, PIZARRO D, MAZO M. Single frame correction of motion artifacts in PMD-based time of flight cameras[J].Image and Vision Computing, 2014, 32 (12): 1127–1143.

[28] LIANG J Y, GAO L, HAI P F, et al. Encrypted three-dimensional dynamic imaging using snapshot time-of-flight compressed ultrafast photography[J]. Scientific Reports, 2015, 5（1）: 15504.

[29] JALKIO J A, KIM R C, CASE S K. Three dimensional inspection using multistripe structured light[J]. Optical Engineering, 1985, 24（6）: 966-974.

[30] AN W, CARLSSON T E. Digital measurement of three-dimensional shapes using light-in-flight speckle interferometry[J]. Optical Engineering, 1999, 38（8）: 1366-1370.

[31] TAKASAKI H. Moiré topography[J]. Applied Optics, 1970, 9（6）: 1467-1472.

[32] 向淑兰, 李继陶, 苏显渝. 几种莫尔等高法的付里叶描述 [J]. 光电子·激光, 1998, 9（2）: 119-123.

[33] SRINIVASAN V, LIU H C, HALIOUA M. Automated phase-measuring profilometry of 3-D diffuse objects[J]. Applied Optics, 1984, 23（18）: 3105-3108.

[34] SRINIVASAN V, LIU H C, HALIOUA M. Automated phase-measuring profilometry: a phase mapping approach[J]. Applied Optics, 1985, 24（2）: 185-188.

[35] QUAN C, HE X Y, TAY C J, et al. 3D surface profile measurement using LCD fringe projection[J]. Proceedings of SPIE, 2001, 43（71）: 511-516.

[36] COGGRAVE C R, HUNTLEY J M. Optimization of a shape measurement system based on spatial light modulators[J]. Optical Engineering, 2000, 39（1）: 91-98.

[37] SCHWIDER J, BUROW R, ELSSNER K E, et al. Digital wave-front measuring interferometry: some systematic error sources [J]. Applied Optics, 1983, 22（21）: 3421-3432.

[38] XU Y, EKSTRAND L D, DAI J, et al. Phase error compesation for three-dimensional shape measurement with projector defocusing[J]. Applied Optics, 2011, 50（17）: 2572-2581.

[39] PAN B, QIAN K, HUANG L, et al. Phase error analysis and compensation for nonsinusoidal waveformes in phase-shifting digital fringe projection profilometry[J]. Optics Letters, 2009, 34（4）: 416-418.

[40] ZHANG S, YAU S T. Generic nonsinusoidal phase error correction for three-dimensional shape measurement using a digital video projector[J]. Applied Optics, 2007, 46（1）: 36-43.

[41] GUO H W, HE H T, CHEN M Y. Gamma correction for digital fringe projection profilometry[J]. Applied Optics, 2004, 43（14）: 2906-2914.

[42] LI Z W, LI Y F. Gamma-distorted fringe image modeling and accurate gamma correction for fast phase measuring profilometry[J]. Optics Letters, 2011, 36（2）: 154-156.

[43] XIAO Y S, CAO Y P, WU Y C, et al. Single orthogonal sinusoidal grating for gamma correction in digital projection phase measuring profilometry[J]. Optical Engineering, 2013, 52（5）: 053605.

[44] JUDGE T R, BRYANSTON-CROSS P J. A review of phase unwrapping techniques in fringe analysis[J]. Optics and Lasers in Engineering, 1994, 21（4）: 199-239.

[45] Su Xianyu. Phase unwrapping techniques for 3D shape measurement[C]//International Conference on Holography and Optical Information Processing, August 26–28, 1996, Nanjing, China.Bellingham: SPIE, c1996: 460–465.

[46] SU X Y, CHEN W J. Reliability–guided phase unwrapping algorithm: a review[J]. Optics and Lasers in Engineering, 2004, 42（3）: 245–261.

[47] MA L H, LI Y, WANG H, et al. Fast algorithm for reliability–guided phase unwrapping in digital holographic microscopy[J]. Applied Optics, 2012, 51（36）: 8800–8807.

[48] ZHAO M, QIAN K M. Quality–guided phase unwrapping implementation: an improved indexed interwoven linked list[J]. Applied Optics, 2014, 53（16）: 3492–3500.

[49] HUNTLEY J M, SALDNER H. Temporal phase–unwrapping algorithm for automated interferogram analysis[J]. Applied Optics, 1993, 32（17）: 3047–3052.

[50] LI J L, SU H J, SU X Y. Two frequency grating used in phase measuring profilometry[J]. Applied Optics, 1997, 36（1）: 277–280.

[51] 范华, 赵宏, 谭玉山. 光纤投影双频自动轮廓测量术 [J]. 光学学报, 1998（1）: 87–90.

[52] STRAND J, TAXT T, JAIN A K. Two–dimensional phase unwrapping using a block least–squares method[J]. IEEE Transactions on Image Processing, 1999, 8（3）: 375–386.

[53] ASUNDI A, ZHOU W S. Fast phase–unwrapping algorithm based on a gray–scale mask and flood fill[J]. Applied Optics, 1998, 37（23）: 5416–5420.

[54] GHIGLIA D C, MASTIN G A, ROMERO L A. Cellular automata method for phase unwrapping[J]. Journal of the Optical Society of America A, 1987, 4（1）: 267-280.

[55] LI W S, SU X Y, LIU Z B. Large-scale three-dimensional object measurement: a practical coordinate mapping and image data-patching method[J]. Applied Optics, 2001, 40（20）: 3326-3333.

[56] HUANG P S, HU Q Y, FENG J. Color-encoded digital fringe projection technique for high-speed three-dimensional surface contouring[J]. Optical Engineering, 1999, 38（6）: 1065-1071.

[57] TAKEDA M, MUTOH K. Fourier transform profilometry for the automatic measurement 3-D object shapes[J]. Applied Optics, 1983, 22（24）: 3977-3982.

[58] SU X Y, CHEN W J. Fourier transform profilometry: a review[J]. Optics and Lasers in Engineering, 2001, 35（5）: 263-284.

[59] ABDUL-RAHMAN H S, GDEISAT M A, BURTON D R, et al. Three-dimensional Fourier fringe analysis[J]. Optics and Lasers in Engineering, 2008, 46（6）: 446-455.

[60] CHEN L C, HO H W, NGUYEN X L. Fourier transform profilometry（FTP）using an innovative band-pass filter for accurate 3-D surface reconstruction[J]. Optics and Lasers in Engineering, 2010, 48（2）: 182-190.

[61] HU E, HE Y M. Surface profile measurement of moving objects by using an improved π phase-shifting Fourier transform profilometry[J]. Optics and Lasers in Engineering, 2009, 47（1）: 57-61.

[62] LI S K，SU X Y，CHEN W J，et al. Eliminating the zero spectrum in Fourier transform profilometry using empirical mode decomposition[J]. Journal of the Optical Society of America A，2009，26（5）：1195-1201.

[63] WU Y C，CAO Y P，HUANG Z F，et al. Improved composite Fourier transform profilometry[J]. Optics and Laser Technology，2012，44（7）：2037-2042.

[64] SU X Y，CHEN W J，ZHANG Q C，et al. Dynamic 3-D shape measurement method based on FTP[J]. Optics and Lasers in Engineering，2001，36（1）：49-64.

[65] ZHANG Q C，SU X Y. An optical measurement of vortex shape at a free surface[J]. Optics and Laser Technology，2002，34（2）：107-113.

[66] ZHANG Q C，SU X Y.，CAO Y P，et al. Optical 3-D shape and deformation measurement of rotating blades using stroboscopic structured illumination[J]. Optical Engineering，2005，44（11）：113601.

[67] ZHANG Q C，SU X Y. High-speed optical measurement for the drumhead vibration[J]. Optics Express，2005，13（8）：3310-3316.

[68] 张启灿. 动态过程三维面形测量技术研究 [D]. 成都：四川大学，2005：15-67.

[69] 曾爱军，王向朝. 基于光栅成像投影的微位移检测方法 [J]. 中国激光，2005，32（3）：394-398.

[70] CHENG P，HU J S，ZHANG G F，et al. Deformation measurements of dragonfly's wings in free flight by using

windowed Fourier transform[J]. Optics and Lasers in Engineering，2008，46（2）：157–161.

[71] SU X Y，ZHANG Q C. Dynamic 3–D shape measurement method: A review[J]. Optics and Lasers in Engineering，2010，48（2）：191–204.

[72] ZAPPA E，BUSCA G. Static and dynamic features of Fourier transform profilometry: a review[J]. Optics and Lasers in Engineering，2012，50（8）：1140–1151.

[73] ZHANG Z H. Review of single–shot 3D shape measurement by phase calculation–based fringe projection techniques[J]. Optics and Lasers in Engineering，2012，50（8）：1097–1106.

[74] TOYOOKA S，TOMINAGA M. Spatial fringe scanning for optical phase measurement[J]. Optics Communications，1984，51（2）：68–70.

[75] SAJAN M R，TAY C J，SHANG H M. Improved spatial phase detection for profilometry using a TDI imager[J]. Optics Communications，1998，150（1–6）：66–70.

[76] SU L K，SU X Y，LI W S，et al . Application of modulation measurement profilometry to objects with holes on surface[J]. Applied Optics，1999，38（7）：1153–1158.

[77] 邵双运，苏显渝，张启灿，等. 调制度测量轮廓术在复杂面形测量中的应用 [J]. 光学学报，2004（12）：1623–1628.

[78] DOU Y F，SU X Y，CHEN Y F，et al. A flexible fast 3D profilometry based on modulation measurement[J]. Optics and Lasers in Engineering，2011，49（3）：376–383.

[79] ZHONG M，SU X Y，CHEN W J，et al. Modulation measuring

profilometry with auto-synchronous phase shifting and vertical scanning[J]. Optics Express，2014，22（26）：31620-31634.

[80] SU W H. Color-encoded fringe projection for 3D shape measurements[J]. Optics Express，2007，15（20）：13167-13181.

[81] SU W H. Projected fringe profilometry using the area-encoded algorithm for spatially isolated and dynamic objects[J]. Optics Express，2008，16（4）：2590-2596.

[82] ZOU H H，ZHOU X，ZHAO H，et al. Color fringe-projected technique for measuring dynamic objects based on bidimensional empirical mode decomposition[J]，Applied Optics，2012，51（16）：3622-3630.

[83] ZHANG Z H，TOWERS C E，TOWERS D P. Time efficient color fringe projection system for 3D shape and color using optimum 3-frequency selection[J]. Optics Express，2006，14（14）：6444-6455.

[84] 韦争亮，钟约先，袁朝龙. 彩色栅线动态三维测量中自适应相关匹配技术 [J]. 光学学报，2009（4）：949-954.

[85] ZHANG X，ZHU L M. Determination of edge correspondence using color codes for one-shot shape acquisition[J]. Optics and Lasers in Engineering，2011，49（1）：97-103.

[86] RAO L，DA F P. Neural network based color decoupling technique for color fringe profilometry[J]. Optics and Laser Technology，2015，70：17-25.

[87] PAN B，QIAN K M，XIE H M，et al. Two-dimensional digital image correlation for in-plane displacement and strain

measurement: a review[J]. Measurement Science and Technology，2009，20（6）：062001.

[88] 李徽，杨德华，翟超 . 六自由度机构位姿的单相机照相测量研究 [J]. 光学技术，2010，36（3）：344-349.

[89] WALLACE I D，LAWSON N J，HARVEY A R，et al. High-speed photogrammetry system for measuring the kinematics of insect wings[J]. Applied Optics，2006，45（17）：4165-4173.

[90] RODRÍGUEZ J，MARTÍN M T，ARIAS P，et al. Flat elements on buildings using close-range photogrammetry and laser distance measurement[J]. Optics and Lasers in Engineering，2008，46（7）：541-545.

[91] CAMPO A，SOONS J，HEUTEN H，et al. Digital image correlation for full-field time-resolved assessment of arterial stiffness[J]. Journal of Biomedical Optics，2014，19（1）：016008.

[92] YEH Y，CUMMINS H Z. Localized fluid flow measurements with an He-Ne laser spectrometer[J]. Applied Physics Letters，1964，4（10）：176-178.

[93] 张艳艳，巩轲，何淑芳，等 . 激光多普勒测速技术进展 [J]. 激光与红外，2010，40（11）：1157-1162.

[94] BEUTH T，FOX M，STORK W. Influence of laser coherence on reference-matched laser Doppler velocimetry[J]. Applied Optics，2016，55（8）：2104-2108.

[95] 许联锋，陈刚，李建中，等 . 粒子图像测速技术研究进展 [J]. 力学进展，2003（4）：533-540.

[96] WILLERT C. Stereoscopic digital particle image velocimetry for

application in wind tunnel flows[J]. Measurement Science and Technology, 1997, 8（12）：1465-1479.

[97] MUJAT M, FERGUSON R D, IFTIMIA N, et al. Optical coherence tomography-based micro-particle image velocimetry[J]. Optics Letters, 2013, 38（22）：4558-4561.

[98] SHEN G X, WEI R J. Digital holography particle image velocimetry for the measurement of 3Dt-3c flows[J].Optics and Lasers in Engineering, 2005, 43（10）：1039 -1055.

[99] 金观昌. 计算机辅助光学测量 [M]. 北京：清华大学出版社，2007：41-147.

[100] 王庆有. 图像传感器应用技术 [M]. 北京：电子工业出版社，2003：207-234.

[101] 王旭东，叶玉堂. CMOS 与 CCD 图像传感器的比较研究和发展趋势 [J]. 电子设计工程，2010，18（11）：178-181.

[102] LITWILLER D. CCD vs. CMOS: facts and fiction[J]. Photonics Spectra, 2001, 35（1）：154-158.

[103] 石东新，傅新宇，张远. CMOS 与 CCD 性能及高清应用比较 [J]. 通信技术，2010，43（12）：174-176，179.

[104] 谢伟. 多帧影像超分辨率复原重建关键技术研究 [M]. 武汉：武汉大学，2014：1-3.

[105] 于起峰，陆宏伟，刘肖琳. 基于图像的精密测量与运动测量 [M]. 北京：科学出版社，2002：9-14.

[106] 杨琳，张锟生，杨怀祥. 彩色电视原理 [M]. 南京：东南大学出版社，2008：42-70.

[107] SU X Y, ZHOU W S, VUKICEVIC D, et al. Automated phase-measuring profilometry using defocused projection of a

Ronchi grating[J]. Optics Communications, 1992, 94（6）: 561-573.

[108] YUE H M, SU X Y, LIU Y Z. Fourier transform profilometry based on composite structured light pattern[J]. Optics & Laser Technology, 2007, 39（6）: 1170-1175.

[109] CHEN L J, QUAN C G, TAY C J, et al. Shape measurement using one frame projected sawtooth fringe pattern[J]. Optics Communications, 2005, 246（4-6）: 275-284.

[110] MERNER L, WANG Y J, ZHANG S. Accurate calibration for 3D shape measurement system using a binary defocusing technique[J]. Optics and Lasers in Engineering, 2013, 51（5）: 514-519.

[111] HUANG L, ZHANG Q C, ASUNDI A. Flexible camera calibration using not-measured imperfect target[J]. Applied Optics, 2013, 52（25）: 6278-6286.

[112] LI B W, ZHANG S. Structured light system calibration method with optimal fringe angle[J]. Applied Optics, 2014, 53（33）: 7942-7950.

[113] XIAO Y S, CAO Y P, WU Y C. Improved algorithm for phase-to-height mapping in phase measuring profilometry[J]. Applied Optics, 2012, 51（8）: 1149-1155.

[114] 曹森鹏, 张启灿, 王庆丰, 等. 基于隔行扫描奇偶场图像的动态物体三维面形测量 [J]. 光电子·激光, 2009, 20（2）: 225-229.

[115] 曹森鹏, 王伟锋, 薛喜昌. 基于傅里叶变换去隔行图像的动态3维面形测量 [J]. 激光技术, 2013, 37（6）: 736-741.

[116] DE HAAN G，BELLERS E B. Deinterlacing：an overview[J].
Proceedings of the IEEE，1998，86（9）：1839–1857.

[117] LEE M H，KIM J H，LEE J S，et al. A new algorithm for
interlaced to progressive scan conversion based on directional
correlations and its IC design[J]. IEEE Transactions on
Consumer Electronics，1994，40（2）：119–129.

[118] RANTANEN H，KARLSSON M，POHJALA P，et al. Color
video signal processing with median filters[J]. IEEE Transactions
on Consumer Electronics，1992，38（3）：157–161.

[119] CHEN X D，JEON G，JEONG J. A local adaptive weighted
interpolation for deinterlacing[J]. Digital Signal Processing，
2013，23（5）：1463–1469.

[120] HARGREAVES D，VAISEY J. Bayesian motion estimation
and interpolation in interlaced video sequences[J]. IEEE
Transactions on Image Processing，1997，6（5）：764–769.

[121] SUGIYAMA K，NAKAMURA H. A method of de-interlacing
with motion compensated interpolation[J]. IEEE Transactions on
Consumer Electronics，1999，45（3）：611–616.

[122] CHEN W J，YANG H，SU X Y，et al. Error caused by
sampling in Fourier transform profilometry[J]. Optical
Engineering，1999，38（6）：1029–1034.

[123] 陈文静，陈锋，苏显渝，等. CCD 抽样过程对傅里叶变换
轮廓术测量的影响 [J]. 光电子·激光，2005，16（9）：
1074–1079.

[124] 乔闹生，蔡新华，彭光含. CCD 的非线性与频谱混叠的关
系研究 [J]. 光子学报，2007，36（4）：603–608.

[125] CAO S P, CAO Y P, ZHANG Q C. Fourier transform profilometry of a single-field fringe for dynamic objects using an interlaced scanning camera[J]. Optics Communications, 2016, 367: 130-136.

[126] 金龙旭, 吕增明, 熊经武. CCD 摄像机全自动调光系统 [J]. 光学精密工程, 2002, 10（6）: 588-591.

[127] 金守峰. 基于机器视觉的工程机械行走速度测量系统研究 [D]. 西安: 长安大学, 2015: 71-75.

[128] ZIOU D, DESCHENES F. Depth from defocus estimation in spatial domain[J]. Computer Vision and Image Understanding, 2001, 81（2）: 143-165.

[129] HUANG P S, ZHANG C P, CHIANG F P. High-speed 3D shape measurement based on digital fringe projection[J]. Optical Engineering, 2003, 42（1）: 163-168.

[130] HUANG P S, ZHANG S. Fast three-step phase-shifting algorithm[J]. Applied Optics, 2006, 45（21）: 5086-5091.

[131] ZHANG S, YAU S T. High-resolution, real-time 3-D absolute coordinate measurement based on a phase-shifting method[J]. Optics Express, 2006, 14（7）: 2644-2649.

[132] ZHANG S. Recent progresses on real-time 3-D shape measurement using digital fringe projection techniques[J]. Optics and Lasers in Engineering, 2010, 48（2）: 149-158.

[133] CAO Y P, SU X Y. RGB tricolor based fast phase measuring profilometry[J]. Proceedings of SPIE-Teh International Society of Optical Engineering, 2002, 4919: 528-535.

[134] 曹森鹏, 曹益平, 刘效勇. 基于隔行扫描彩色 CCD 的运动姿态实时检测 [J]. 光电子·激光, 2014, 25（12）: 2316-2321.

[135] CAO S P, CAO Y P, LU M T, et al. 3D shape measurement for moving scenes using an interlaced scanning colour camera[J]. Journal of Optics, 2014, 16 (12): 125411.

[136] 曹益平. 基于数字微镜的位相测量轮廓术 [D]. 成都: 四川大学, 2003: 55-65.

[137] 陈文静, 苏显渝, 曹益平, 等. 基于双色条纹投影的快速傅里叶变换轮廓术 [J]. 光学学报, 2003, 23 (10): 1153-1157.

[138] PAN J H, HUANG P S, CHIANG F P. Color phase-shifting technique for three-dimensional shape measurement[J]. Optical Engineering, 2006, 45 (1): 013602.

[139] ZHANG Z H, TOWERS C E, TOWERS D P. Compensating lateral chromatic aberration of a colour fringe projection system for shape metrology[J]. Optics and Lasers in Engineering, 2010, 48 (2): 159-165.

[140] VANLANDUIT S, VANHERZEELE J, GUILLAUME P, et al. Fourier fringe processing by use of an interpolated Fourier-transform technique[J]. Applied Optics, 2004, 43 (27): 5206-5213.

[141] 陈圣国. 图像分割及应用技术研究 [D]. 南京: 南京大学, 2012: 3-7.

[142] OTSU N. A threshold selection method from gray-level histograms[J]. IEEE Transactions on Systems, Man, and Cybernetics, 1979, 9 (1): 62-66.

[143] 景晓军, 李剑峰, 刘郁林. 一种基于三维最大类间方差的图像分割算法 [J]. 电子学报, 2003, 31 (9): 1281-1285.

[144] SENTHILKUMARAN N, RAJESH R. Edge detection techniques for image segmentation: a survey of soft computing

approaches[J]. International Journal of Recent Trends in Engineering, 2009, 1（2）: 250-254.

[145] CHANG Y L, LI X B. Adaptive image region-growing[J]. IEEE Transactions on Image Processing, 1994, 3（6）: 868-872.

[146] 郑毅. 特殊环境下图像测量关键技术研究 [D]. 西安: 西安电子科技大学, 2008: 100-106.

[147] HUECKEL M H. A local visual operator which recognizes edges and lines[J]. Journal of the Association for Computing Machinery, 1973, 20（4）: 634-647.

[148] TABABAI A J, MITCHELL O R. Edge location to subpixel values in digital imagery[J]. IEEE Transactions on Pattern Analysis and Machine Intelligence, 1984, 6（2）: 188-201.

[149] HUERTAS A, MEDIONI G. Detection of intensity changes with subpixel accuracy using Laplacian-Gaussian masks[J]. IEEE Transactions on Pattern Analysis and Machine Intelligence, 1986, 8（5）: 651-664.

[150] LYVERS E P, MITCHELL O R, AKEY M L, et al. Subpixel measurements using a moment-based edge operator[J]. IEEE Transactions on Pattern Analysis and Machine Intelligence, 1989, 11（12）: 1293-1309.

[151] GHOSAL S, MEHROTRA R. Orthogonal moment operators for subpixel edge detection[J]. Pattern Recognition, 1993, 26（2）: 295-306.

[152] KISWORO M, VENKATESH S, WEST G. Modeling edges at subpixel accuracy using the local energy approach[J]. IEEE

Transactions on Pattern Analysis and Machine Intelligence, 1994, 16（4）: 405–410.

[153] JENSEN K, ANASTASSIOU D. Subpixel edge localization and the interpolation of still images[J]. IEEE Transactions on Image Processing, 1995, 4（3）: 285–295.

[154] 王保丰. 航天器交会对接和月球车导航中视觉测量关键技术研究与应用 [D]. 郑州: 解放军信息工程大学, 2007: 61–64.

[155] RUFINO G, ACCARDO D. Enhancement of the centroiding algorithm for star tracker measure refinement[J]. Acta Astronautica, 2003, 53（2）: 135–147.

[156] 周婧. 单摄像机视觉测量网络系统关键技术的研究 [D]. 长春: 吉林大学, 2012: 32–34.

[157] AIAZZI B, BARONTI S, SELVA M, et al. Bi-cubic interpolation for shift-free pan-sharpening[J]. ISPRS Journal of Photogrammetry and Remote Sensing, 2013, 86: 65–76.

[158] ABDEL-AZIZ Y I, KARARA H M. Direct linear transformation from comparator coodinates into object space coordinates in close-range photogrammetry[C]//Proceedings of the symposium on Close-Range photogrammetry, Falls Church, Virginia. Falls Church: American Society of Photogrammetry, c1971: 1–18.

[159] TSAI R Y. A versatile camera calibration technique for high accuracy 3D machine vision metrology using off-the-shelf TV cameras and lenses[J]. IEEE Journal on Robotics and Automation, 1987, 3（4）: 323–344.

[160] WENG J Y, COHEN P, HERNIOU M. Camera calibration with distortion models and accuracy evaluation[J]. IEEE

Transactions on Pattern Analysis and Machine Intelligence，1992，14（10）：965-980.

[161] 杨博文，张丽艳，叶南，等. 面向大视场视觉测量的摄像机标定技术 [J]. 光学学报，2012，32（9）：0915001.

[162] ZHANG Z Y. A flexible new technique for camera calibration[J]. IEEE Transactions on Pattern Analysis and Machine Intelligence，2000，22（11）：1330-1334.

[163] QI F，LI Q H，LUO Y P，et al. Constraints on general motions for camera calibration with one-dimensional objects[J]. Pattern Recognition，2007，40（6）：1785-1792.

[164] MENG X Q，HU Z Y. A new easy camera calibration technique based on circular points[J]. Pattern Recognition，2003，36（5）：1155-1164.

[165] MAYBANK S J，FAUGERAS O D. A theory of self-calibration of a moving camera[J]. International Journal of Computer Vision，1992，8（2）：123-151.

[166] 曹森鹏，曹益平. 基于单帧变形条纹的物体三维位移和速度测量 [J]. 光子学报，2016，45（8）：0812002.

[167] 曹森鹏，曹益平. 基于单帧图像的物体面内位移和速度测量 [J]. 光电子·激光，2016，27（11）：1181-1185.